ΣBEST
シグマベスト

最高水準特進問題集

数学

中学1年

文英堂編集部　編

文英堂

本書のねらい

●いろいろなタイプの問題集が存在する中で、トップ層に特化した問題集は意外に少ないといわれます。本書はこれらの要望に応えて、難関校を目指す皆さんの実力練成のための良問・難問を揃えました。

本書を大いに活用して、どんな問題にぶつかっても対応できる最高レベルの実力を身につけてください。

本書の特色と使用法

 私立難関校・国公立の上位校をめざす皆さんのための問題集です。実力強化にふさわしい、質の高い良問を集めました。

●2度と出題されないような奇問は除いたので、日常学習と並行して学習できます。もちろん、入試直前期にある章を深く掘り下げて学習するために本書を用いることも可能です。

●中学での履修内容の応用として出題されることもある、指導要領外の問題も掲載しました。難関私立校では頻出の項目ばかりを網羅してありますので、挑戦してください。(かなりの難問もあります。)

 各章末にある「実力テスト」で実力診断ができます。
巻末の「総合問題」で多角的に考える力が身につきます。

●各章末にある実力テストで、実力がついたか点検できます。各回ごとに定められた時間内に合格点をとることを目標としましょう。

●巻末の総合問題では、章にまたがった内容の問題を掲載しました。学校ではこのレベルまでは学習できないことが多いので、本書でよく学習してください。

3 時間やレベルに応じて，学習しやすいようにさまざまな工夫をしています。

● 重要な問題には 頻出 マークをつけました。時間のないときには，この問題だけ学習すれば短期間での学習も可能です。

● 各問に1～3個の★でレベル表示をしました。★の数が多いほどレベルは高くなります。学習初期の段階では★1個の問題だけを，学習後期では★3個の問題だけを選んで学習するということも可能です。

● 特に難しい問題については 難 マークをつけました。是非チャレンジしてください。

● 欄外にヒントとして 着眼 を設けました。解き方がわからないときは，これらを頼りに方針を練ってください。

4 くわしい 解説 付きの別冊「正解答集」。どんな難しい問題でも解き方が必ずわかります。

● 別冊の 正解答集 には，各問題の考え方や解き方がわかりやすく解説されています。わからない問題は，一度解答を見て方針をつかんでから，自分1人で解いてみましょう。

● 必要に応じて トップコーチ を設け，他の問題にも応用できる力を養えるようなくわしい解説を載せました。

もくじ

		問題番号	ページ
1	正負の数	1〜22	5
第1回 実力テスト			16
2	文字と式	23〜35	18
第2回 実力テスト			26
3	方程式	36〜75	28
第3回 実力テスト			44
4	比例と反比例	76〜99	46
第4回 実力テスト			56
5	平面図形	100〜129	58
第5回 実力テスト			74
6	空間図形	130〜168	76
第6回 実力テスト			94
7	資料の整理	169〜183	96
第7回 実力テスト			104
● 総合問題		184〜194	106

別冊　正解答集［くわしい解き方と解説つき］

1 正負の数

解答 別冊 *p. 1*

*1 [正負の数の計算①] <頻出

次の計算をしなさい。

(1) $1+2\div 8-(-1.5)\times 2$ （埼玉・城西大付川越高）

(2) $\dfrac{5}{6}-1\dfrac{3}{4}-\dfrac{7}{8}+3\dfrac{1}{3}$ （三重・高田高）

(3) $\dfrac{7}{6}+\dfrac{1}{2}\times(-5)-\dfrac{3}{5}\times\dfrac{10}{9}$ （神奈川・日本大藤沢高）

(4) $\left\{\left(2+\dfrac{3}{4}\right)\times\dfrac{2}{3}+\dfrac{1}{2}\right\}\div\dfrac{7}{12}$ （東京・桜美林高）

(5) $(-4)\times\{6\div(3-7)\}-(-4-2)\div 3$ （獨協埼玉高）

*2 [正負の数の計算②] <頻出

次の計算をしなさい。

(1) $117\div\{-2^2-(-3)^2\}-(-7)$ （東京・京華高）

(2) $(-3)^3\times(-2)\div(-9^2)-(-2)^2\div 3$ （奈良・帝塚山高）

(3) $(-2)^3\times 5-\{-3+(5-11)\}\div 3$ （大阪摂陵高）

(4) $5^2-(10-3^2)\times\{2^3-(-2)^3\}-(-4)$ （東京・中央大附高）

(5) $-2^3-(-2)^3-3^2-(-3)^2$ （埼玉・栄東高）

(6) $(-5)^2\times(-2^2)+(-8)\div(-2)^2$ （大阪・開明高）

(7) $8-(-3)^2\div(-2^2)\div\dfrac{9}{28}$ （東京・日本大一高）

(8) $-3^2\div(-3)-(-2)^3\times\left(-\dfrac{1}{4}\right)$ （神奈川・鎌倉学園高）

(9) $\{(-3)^2+(6-4)\times 9-1\}\times 2$ （長崎・純心女子高）

(10) $\{(-2)^2-3\}\times(-6)\div(-2^2)\times 4$ （東京・日本大三高）

(11) $-2^2-(-1)^3\times 3+(-3)^2\times(-2^2)$ （大阪・東海大付仰星高）

(12) $-3^2\times(-2)^2+2\times\{1+8\times(3-1)\}$ （兵庫・神戸弘陵学園高）

3 ［正負の数の計算③］ 頻出

次の計算をしなさい。

(1) $(-0.25)^2 \times (-2)^3 \div (-1.5)^2$ 　　　　　　　　　　（熊本・九州学院高）

(2) $-9^2 \times (-0.4)^2 - \left(-\dfrac{2}{5}\right)^2 \times 19$ 　　　　　　　　（北海道・函館ラ・サール高）

(3) $\dfrac{11}{3} \div \left(\dfrac{6}{7} - \dfrac{7}{3}\right) - \dfrac{3}{2} \div \left(\dfrac{7}{5} - \dfrac{9}{2}\right)$ 　　　　　　　　（東京・海城高）

(4) $\{(-2)^3 + (-3)^2\} \div \left\{\left(-\dfrac{1}{2}\right)^3 + \left(-\dfrac{1}{3}\right)^2\right\}$ 　　　　　（東京・江戸川女子高）

(5) $\dfrac{1}{3} - \dfrac{1}{2} \times \left\{\dfrac{1}{8} \div \dfrac{1}{4} - \dfrac{2}{3} \times \left(-\dfrac{3}{2}\right)^2\right\}$ 　　　　　　　（都立新宿高）

(6) $-3^3 - \left\{\dfrac{8}{3} \times \left(-\dfrac{5}{4}\right) - \left(-\dfrac{2}{3}\right) \div \dfrac{2}{5} + \dfrac{2}{3}\right\} \times (-2)^2$ 　（東京・中央大附高）

(7) $\left(\dfrac{3}{7} - \dfrac{4}{9}\right) \times 14 \div \left(-\dfrac{2}{3}\right)^3 + \left(-\dfrac{1}{2}\right) \times \left(-\dfrac{3}{2}\right)$ 　　　（大阪女学院高）

(8) $\left(\dfrac{1}{4}\right)^2 \times \left(-\dfrac{2}{3}\right)^2 - \{(-2) \times (-3)^2 - (-4^2)\} \div (-2)^3$ 　（東京・日本大豊山女子高）

4 ［正負の数の計算④］

次の計算をしなさい。

(1) $1 - \left(-\dfrac{3}{5}\right) \times \left(\dfrac{1}{3} - \dfrac{3}{5}\right) \div \dfrac{4}{-5^2}$ 　　　　　　　（東京・日本大櫻丘高）

(2) $\left(\dfrac{3}{4} - 0.5^2\right) \div (4.5 - 6) + (-2)^2$ 　　　　　　　（獨協埼玉高）

(3) $\dfrac{-3^2}{8} \div \dfrac{3}{4} \times \left(-\dfrac{4}{3}\right)^2 + 4^2 \div 2.4$ 　　　　　　　（東京・明星高）

(4) $\{18 \div (-3^2) + 5\} \times 4^2 \div (-2)^2 - (6-18) \div (-6)$ 　（兵庫・報徳学園高）

(5) $\{(-1)^2 - 0.85\} \div 0.3 + 1.5 \times 0.2$ 　　　　　　　（大阪・金光八尾高）

(6) $-2^3 - (-2)^2 \times \{-2^4 - (-2)^3 \div 0.375\} \times \left(-\dfrac{3}{4}\right)^2$ 　（和歌山・初芝橋本高）

(7) $\left(0.125 - 1.4 \times \dfrac{7}{8}\right) \div \left\{0.15 \div \dfrac{3}{8} + (-0.2)^2\right\}$ 　（東京・明治大付中野高）

(8) $7 + (-2^2 - 1) \times \dfrac{1}{5} - \left(0.75 + \dfrac{5}{4}\right) \div \dfrac{2}{7}$ 　　　（神奈川・法政大二高）

1 正負の数 ——— 7

★★5 [正負の数の計算⑤] ◀頻出

次の □ に入る数を求めなさい。

(1) $3-\{2-(5-\square)\}=-3$

(2) $-\dfrac{5}{2}-\left\{\dfrac{1}{2}-(\square-9)\right\}=-5$

(3) $\left\{\dfrac{1}{3}+\left(\dfrac{2}{3}-\dfrac{1}{4}\right)\times\square\right\}\div\left(-\dfrac{4}{3}\right)=-\dfrac{2}{3}$

(4) $(-2^2)\times 8\div(-18)\times(-\square^2)=-16$

(5) $(-0.5)^2\times\left(-\dfrac{2}{3}\right)\div(-2^2)\times\square=\dfrac{1}{15}$

(6) $-4^2-\square\div(4-7)=-11$

(7) $-0.4^2\div\left(\dfrac{3}{10}-\square\right)=-\dfrac{8}{5}$

(8) $-\dfrac{3}{7}\div\left(\dfrac{1}{2}\right)^2\times\left(-\dfrac{3}{4}\right)^2\div\square=-\dfrac{81}{32}$

(9) $\left(2\dfrac{1}{5}\times 0.5+\dfrac{5}{7}\div\dfrac{2}{3}\right)\times\square-\left\{2\dfrac{1}{3}-(-5)\right\}\div\dfrac{2}{3}=3\dfrac{2}{5}$ (東京学芸大附高)

★★6 [繁分数の計算] ◀頻出

次の問いに答えなさい。

(1) $\dfrac{1}{1-\dfrac{2}{1-\dfrac{3}{1-\dfrac{4}{5}}}}$ を計算しなさい。 (広島・崇徳高)

難▶(2) 次の式を満たす自然数 a, b を求めなさい。 (東京都市大付高)

$\dfrac{3}{5}=\dfrac{1}{1+\dfrac{1}{a+\dfrac{1}{b}}}$

着眼

6 (1) 分数の分母と分子に 0 でない同じ数をかけても,分数の値は変わらない性質を利用する。まず,$\dfrac{3}{1-\dfrac{4}{5}}$ の分母・分子を 5 倍してみる。

(2) 両辺の逆数をとる。

1 正負の数

★★7 [規則性①] ＜頻出

次の問いに答えなさい。

(1) ① 2006^7 の一の位の数を求めなさい。
　　② 7^{2006} の一の位の数を求めなさい。　　　　　　　　　（茨城・江戸川学園取手高）

(2) 23^{2006} の一の位の数を求めなさい。　　　　　　　　　　（高知・土佐塾高）

(3) $\dfrac{9}{37}$ を小数で表したとき，小数第 2005 位の数を求めなさい。
　　　　　　　　　　　　　　　　　　　　　　　　　　　（東京・明治大付中野高）

(4) $\dfrac{2}{7}$ を小数に直すとき，小数第 2005 位の数を求めなさい。　　（愛知高）

★★8 [規則性②] ＜頻出

奇数のうち，5 の倍数でない正の整数について，次の問いに答えなさい。

(1) 10 以下の数は，全部で何個ありますか。
(2) 小さい方から順に並べたとき，99 番目の数を求めなさい。　　　　（岩手県）

★9 [大小比較①] ＜頻出

次の問いに答えなさい。

(1) $a>0$，$b<0$，$a+b<0$ のとき，a，b，$-a$，$-b$ を小さい順に並べなさい。
　　　　　　　　　　　　　　　　　　　　　　　　　（和歌山信愛女子短大附高）

(2) a が正の数で b が負の数である。a の絶対値より，b の絶対値の方が大きいとき，次のア〜カの中で，式の値が正になるものをすべて選び記号で答えなさい。　　　　　　　　　　　　　　　　　　　　　　　　　　（奈良育英高）
　　ア $a \times b$　　イ $a+b$　　ウ $a-b$　　エ $-a+b$　　オ a^2-b^2　　カ $-a-b$

(3) a，b は実数で，$a>0$，$b<0$ であるとき，次の計算結果が，正の数にも負の数にもなる場合はどれか。　　　　　　　　　　　　　　　　　　（大阪福島女子高）
　　ア $a+b$　　　イ $a-b$　　　ウ $a \times b$

着眼
7 (1), (2) 一の位の数のみに着目して計算していく。
　　　(3), (4) 分子÷分母を計算し，小数点以下の数の並びの規則性に着目する。
8 (2) 一の位の数に着目する。
9 (1) a, b の絶対値の大小関係を求める。

1 正負の数 —— 9

★★10 ［大小比較②］

次の問いに答えなさい。

(1) a, b はともに 1 より小さい正の数で，b の方が a より大きいものとする。このとき，次の数を小さい順に並べ，記号で答えなさい。

　ア a^2　イ b^2　ウ $a \times b$　エ $\dfrac{1}{a}$　オ $\dfrac{1}{b}$

(奈良・西大和学園高 改)

(2) $a \times b \times c \times d \times e < 0$, $a \times c \times e < 0$, $d \times e > 0$, $a < b < c < d$ が成り立つとき，5つの数 a, b, c, d, e の符号を求めなさい。

(兵庫・甲陽学院高)

(3) 2 数 A, B がある。いま，$A+B>0$ かつ $AB>0$ ならば，$A>0, B>0$ となり，記号 a となる。次の場合はどの記号になるか答えなさい。

$A>0, B>0 \cdots a$	$A<0, B<0 \cdots e$
$A>0, B<0 \cdots b$	$A=0, B=0 \cdots f$
$A=0, B<0 \cdots c$	判定できない
$A<0, B>0 \cdots d$	$\cdots g$

① $A<B$ かつ $A+B>0$ のとき
② $A \times B > 0$ かつ $A+B<0$ のとき
③ $A \times B < 0$ かつ $A-B<0$ のとき
④ $A \times B \leqq 0$ かつ $A-B=0$ のとき

(北海道・函館ラ・サール高)

★11 ［魔方陣］

次の問いに答えなさい。

(1) 右の図のようなマス目の中に 1 から 9 までの数字が 1 つずつ入っており，縦，横，斜めの 3 つの数の合計はすべて等しいとする。

① $a+b$ の値を求めなさい。
② f の数字を求めなさい。

(大阪・桃山学院高)

a	1	8
b	c	e
2	d	f

(2) 右の表で，連続する 16 個の整数を入れ，どの縦，横，斜めの数を加えても和が等しくなるようにする。表のア〜クにあてはまる数を求めなさい。

-8	3	2	ア
キ	カ	-9	4
ク	ウ	オ	エ
6	-7	イ	-1

着眼

11 (1) 縦，横，斜め，それぞれ 1 列に並んでいる数の和は，1〜9 の数の和の $\dfrac{1}{3}$ である。

(2) 表の中の最大の数と最小の数から，1 列分の整数の和を求める。

12 [計算の工夫] 頻出

(1) 次の計算をしなさい。

① $\dfrac{1}{1\times 2}+\dfrac{1}{2\times 3}+\dfrac{1}{3\times 4}+\dfrac{1}{4\times 5}$

② $\dfrac{1}{5\times 6\times 7}+\dfrac{1}{6\times 7\times 8}+\dfrac{1}{7\times 8\times 9}+\dfrac{1}{8\times 9\times 10}$ （徳島文理高）

(2) $a=\dfrac{1}{3}+\dfrac{1}{15}+\dfrac{1}{35}+\dfrac{1}{63}+\dfrac{1}{99}+\dfrac{1}{143}+\dfrac{1}{195}+\dfrac{1}{255}$ とする。次の問いに答えなさい。 （熊本マリスト学園高）

① $x=\dfrac{1}{2}\left(\dfrac{1}{3}-\dfrac{1}{5}\right)$, $y=\dfrac{1}{2}\left(\dfrac{1}{5}-\dfrac{1}{7}\right)$ とするとき，x と y の値をそれぞれ求めなさい。

② a の値を求めなさい。

13 [規則性③]

自然数について，次の計算を何回かして，最後に1になったら終わりとする。
　　① 偶数は2で割る。　　② 奇数は1加える。

たとえば，12→6→3→4→2→1 となり，12は5回の計算で終わる。

この計算回数が5回で終わる自然数(12を除く)をすべて求めなさい。

（東京・巣鴨高）

14 [大小比較③] 頻出

A～Fの6人の年齢について以下のことがわかっている。
○AはFより4つ上　　○AとEとは1つ違い　　○AとBとは5つ違い
○BとFとは1つ違い　　○BとCとは3つ違い　　○CとDとは6つ違い
○EはDより3つ上

以上から6人の年齢を高い方から順に並べなさい。

（熊本マリスト学園高）

着眼

12 $\dfrac{1}{2\times 3}=\dfrac{1}{2}-\dfrac{1}{3}$, $\dfrac{1}{3\times 4}=\dfrac{1}{3}-\dfrac{1}{4}$ というように，一般的に，$\dfrac{1}{n\times (n+1)}=\dfrac{1}{n}-\dfrac{1}{n+1}$ と変形することができる。

13 最後の1から逆に5回さかのぼりながら考えていく。

*15 [規則性④]

下の図のように，同じ大きさの白と黒の正方形のタイルを1番目，2番目，3番目，4番目，…と規則的に並べていく。

次の問いに答えなさい。

(新潟明訓高)

(1) 6番目に現れる図における白のタイルの枚数を求めなさい。

(2) 31番目に現れる図の黒のタイルの枚数を求めなさい。

**16 [規則性⑤]

下のように，自然数をグループ分けしていくとき，次の問いに答えなさい。
　　　1グループ…1
　　　2グループ…2, 3
　　　3グループ…4, 5, 6
　　　4グループ…7, 8, 9, 10
　　　　　⋮　　　　⋮

(福岡・東海大付五高)

(1) 6グループにある最後の数を求めなさい。

(2) 45はaグループにある。このときのaはいくつになりますか。

❸(3) bグループにある数の和を求めると175になった。このときのbはいくつになりますか。

着眼

15 偶数番目は，白と黒のタイルは同数。奇数番目は白のタイルの方が黒のタイルより1枚多くなる。

*17 [虫食い算]

A, B, C は1けたの整数で，右の式が成り立つとき，次の問いに答えなさい。　（奈良文化女子短大付高）

$$\begin{array}{r} A\,B \\ +)\ B\,A \\ \hline C\,A\,C \end{array}$$

(1) C の値を求めなさい。

(2) $A+B$ の値を求めなさい。

*18 [平均] ◁頻出

下の表は，生徒 A～E のそれぞれの身長から，身長 158.6cm の生徒 C の身長をひいた値と，全員の平均身長である。

生　徒	A	B	C	D	E	平均
C の身長をひいた値(cm)	+6.8	−5.9	0	□	−2.8	161.3

(1) □にあてはまる数を答えなさい。

(2) 最も身長の高い生徒と最も身長の低い生徒の身長の差は何 cm ですか。

*19 [勝ち負けの問題] ◁頻出

太郎君と花子さんがじゃんけんをして，勝った方には $+3$ 点，負けた方には -2 点の得点を与える。はじめの2人の得点は0点であるとして，次の問いに答えなさい。ただし，あいこは回数に数えないものとする。

(1) 3回じゃんけんをして，太郎君の得点が -1 点になった。太郎君は3回のうち何回勝ちましたか。

(2) 15回じゃんけんをして，太郎君の得点が0点になった。このとき，花子さんの得点は何点ですか。

着眼

17 $A+B$ は，十の位の数が1となる。
18 生徒Cの身長を仮平均とし，生徒Cとの差をもとに，平均値を計算する。
19 (2) 1回のじゃんけんでの2人の得点の和を考える。

20 [規則性⑥]

下のA〜Hは，1〜4までの整数をそれぞれ1〜4までの整数に対応させる規則とする。

$$A\cdots\begin{cases}1\to1\\2\to2\\3\to3\\4\to4\end{cases} B\cdots\begin{cases}1\to2\\2\to1\\3\to4\\4\to3\end{cases} C\cdots\begin{cases}1\to3\\2\to4\\3\to1\\4\to2\end{cases} D\cdots\begin{cases}1\to4\\2\to3\\3\to2\\4\to1\end{cases}$$

$$E\cdots\begin{cases}1\to2\\2\to3\\3\to4\\4\to1\end{cases} F\cdots\begin{cases}1\to3\\2\to2\\3\to1\\4\to4\end{cases} G\cdots\begin{cases}1\to4\\2\to1\\3\to2\\4\to3\end{cases} H\cdots\begin{cases}1\to1\\2\to4\\3\to3\\4\to2\end{cases}$$

このとき，たとえば，規則Hで先に対応させ，次に規則Bで続けて対応させることをH∗Bと表す。H∗Bは，規則Eと一致することがわかるので，H∗B=Eと書く。次の問いに答えなさい。

(埼玉・城西大付川越高)

(1) F∗Gと一致する規則を上のA〜Hの中から選びなさい。

(2) E∗X=AとなるXが上のA〜Hの中にあれば，その規則を求めなさい。なければ，「なし」と書きなさい。

(3) X，Yは，上のE〜Hの中の異なる2つの規則とする。X∗Y=Y∗Xを満たすX，Yがあるか。あれば，そのX，Yの組をすべて求めなさい。なければ，「なし」と書きなさい。

(4) X，Yは，上のA，B，C，Dのどれかの規則とする。X∗YがA，B，C，Dのどれとも一致しないことがありますか。あれば，そのX，Yの組をすべて求めなさい。なければ，「なし」と書きなさい。

着眼

20 (3) まず，E〜Hのうちの2つを組み合わせた対応で，1がどの整数と対応するか調べる。

(4) A〜Dのうちの2つを組み合わせた対応を調べる。

14 —— 1 正負の数

*21 [規則性⑦]

正の整数 1, 2, 3, … を下の表のように並べる。たとえば，2 行 3 列は 9 であり，4 行 1 列は 7 である。このとき，次の問いに答えなさい。　(広島・崇徳高)

(1) 100 は，何行何列にあるか求めなさい。

(2) 太枠で囲まれた，100 を中央とする 9 マスの総和を求めなさい。

表

	1列	2列	3列	4列	…
1行	1	3	6	10	…
2行	2	5	9	…	…
3行	4	8	…	…	…
4行	7	…	…	…	…
…	…	…	…	…	…

(100 を中央とする 9 マスの図)

着眼

21 1 行 n 列の数は，$1+2+3+\cdots+n$ であり，$(n+1)$ 行 1 列の数は，$(1+2+3+\cdots+n)+1$ である。

★22 [規則性⑧]

次の問いに答えなさい。　　　　　　　　　　　　　　　　　　　　　　(新潟明訓高)

(1) 横5マス，縦5マスの(表1)に記入されている数の合計を求めるのに，次のように考えた。ア～カにあてはまる数を書き入れなさい。

「考え方」　左上と右下を結ぶ対角線上にある5個の9を合計すると，$9 \times 5 =$ ア である。また，この対角線に平行に並ぶ数に注目すると，4個の10と1個の5の合計は イ であり，3個の11と2個の6の合計は ウ である。さらに，2個の12と3個の7の合計は エ で，1個の13と4個の8の合計は オ であるから，全部の合計は カ である。

(表1)

9	10	11	12	13
8	9	10	11	12
7	8	9	10	11
6	7	8	9	10
5	6	7	8	9

(2) (1)の「考え方」を参考に，次の(表2)にある数の合計を求めなさい。

(表2)

16	17	18	19	20	21	22	23	24	25
15	16	17	18	19	20	21	22	23	24
14	15	16	17	18	19	20	21	22	23
13	14	15	16	17	18	19	20	21	22
12	13	14	15	16	17	18	19	20	21
11	12	13	14	15	16	17	18	19	20
10	11	12	13	14	15	16	17	18	19
9	10	11	12	13	14	15	16	17	18
8	9	10	11	12	13	14	15	16	17
7	8	9	10	11	12	13	14	15	16

(3) 横24マス，縦24マスの表があり，左上と右下を結ぶ対角線上に25が24個並んでいる。表にあるすべての数の合計を求めなさい。ただし，(表1)や(表2)と同じ規則で数が並んでいるものとする。

着眼
22 (2) 左上と右下を結ぶ対角線上にある10個の16の合計は160であり，この対角線に平行に並ぶ数に着目すると，9個の17と1個の7の合計は160である。
(3) $25 \times 24 = 600$ が何個できるかを考える。

第1回 実力テスト

時間 **40**分
合格点 **60**点
得点 　　／100

解答 別冊 p.11

1 次の計算をしなさい。 (各5点×10)

(1) $(-2)^2+\left(-\dfrac{3}{2}\right)\div\dfrac{9}{8}$ （千葉県）

(2) $-3^2\times\left(\dfrac{2}{3}\right)^3\div\left(-\dfrac{1}{6}\right)\times(-2)^2$ （埼玉・西武学園文理高）

(3) $(-2)^3\times 3+\{7-(3-4)\}\div 2$ （京都府）

(4) $\{2-(-3)\}\times 4-(-3)^4\div\dfrac{9}{2}+1$ （広島大附高）

(5) $\left(-\dfrac{3}{2}\right)^2\div(-4.5)\times\left(\dfrac{5}{12}-\dfrac{5}{8}-\dfrac{1}{6}\right)$ （京都・立命館高）

(6) $2\dfrac{1}{3}-0.75\div\dfrac{3}{5}+\left(-\dfrac{2}{3}\right)^3\times\left(-\dfrac{3}{2}\right)^2$ （東京・明治学院高）

(7) $-\dfrac{2^2}{5}\times 1\dfrac{2}{3}+\left\{0.75-3^2\div\left(-1\dfrac{1}{5}\right)^2\right\}$ （東京・明治学院高）

(8) $\dfrac{1}{3}\times 1.2-\left(1.75-2\dfrac{3}{4}\right)\div\dfrac{3}{2}$ （東京・駒澤大高）

(9) $\dfrac{9}{25}-(-2)^4\div 5^2\times\dfrac{3}{25}$ （東京・日本大豊山女子高）

(10) $\left\{-12-(-2)^2\div\left(-\dfrac{2}{3}\right)^3\right\}-\left\{\dfrac{17}{8}\div 1.25-5\times(-0.6^2)\right\}$ （東京・成城高）

2 次の問いに答えなさい。 (各4点×2)

(1) A，B，Cの3人の身長の平均は155.1cmで，D，Eの2人の身長の平均は161.1cmであった。A，B，C，D，Eの5人の身長の平均を，155.1cmを基準として求めなさい。また，求め方も書きなさい。 （埼玉・大妻嵐山高）

(2) 右の表の9個のマスのうち，ア～オのマスに数を入れて，縦，横，斜めに並ぶ3つの数の和がどれも等しくなるようにしたい。エのマスにあてはまる数を書きなさい。 （岐阜県）

5	ア	イ
ウ	2	エ
オ	6	-1

3 次の問いに答えなさい。 (各7点×2)

(1) $6^2, 6^3, 6^4, 6^5, 6^6, 6^7$ の下2けたの数はそれぞれ 36, 16, 96, 76, 56, 36 である。このことを参考にして，2006^{2006} の下2けたの数を求めなさい。

(東京・頴明館高)

(2) 各位の数が1か2である整数を並べ，次のような数の列を作る。

2, 21, 22, 211, 212, 221, 222, 2111, 2112, …

このとき，7けたの 2222222 は，この数の列の何番目か求めなさい。

(東京・巣鴨高)

4 次の各式において，a が負の数のとき，その式を計算した結果の符号がいつも変わらない式はどれとどれか。ア～カの中から2つ選んで，記号で答えなさい。 (7点)

ア $(a+5)(a+2)$ イ $(a+5)(a-2)$ ウ $(a-5)(a-2)$
エ $(a-5)(a+2)$ オ $(a-5)^2+2$ カ $(a+5)^2-2$

5 点Pが数直線の原点の位置にある。さいころを投げ，偶数の目が出ると正の方向へ，奇数の目が出ると負の方向へ，それぞれ出た目の数だけPが数直線上を動く。このとき，次の問いに答えなさい。ただし，Pはさいころを1回投げて移動した位置から引き続いて移動するものとする。

(各7点×3)

(1) さいころを5回投げたとき，偶数の目が3回，奇数の目が2回出た。このとき，考えられる点Pの位置のうち，最も離れた2点間の距離を求めなさい。

(2) さいころを4回投げたとき，偶数，奇数とも2回ずつ出た。点Pが原点の位置にくるさいころの目の組み合わせは何通りあるか求めなさい。ただし，目の出る順序は考えないものとする。

(3) さいころを6回投げたとき，1～6の目が各1回ずつ出た。このとき，1回目に5の目が出たとすると，2回目からの点Pの位置が常に負の範囲とならないような目の出方は何通りあるか求めなさい。

2　文字と式

解答 別冊 p.13

*23 ［1次式の計算］ 〈頻出

次の計算をしなさい。

(1) $2x+8y-2\{3x-(2x-3y)\}$ 　　　　　　　　　　　　（東京・専修大附高）

(2) $\dfrac{1}{3}(2x+5)-\dfrac{1}{6}(4x+3)$ 　　　　　　　　　　　　（神奈川県）

(3) $4x-\dfrac{2}{3}y-3\left(x-\dfrac{1}{4}y\right)$ 　　　　　　　　　　　　（長野県）

(4) $\dfrac{5x-y}{3}-\dfrac{x-7y}{2}-x-3y$ 　　　　　　　　　　　　（大阪・四天王寺高）

(5) $\dfrac{2x+3}{3}-\dfrac{3x-1}{2}-\dfrac{12-5x}{6}$ 　　　　　　　　　　　　（茨城・常総学院高）

(6) $\dfrac{a+3b}{2}-\dfrac{4a-b}{3}-\dfrac{b-3a}{6}$ 　　　　　　　　　　　　（京都女子高）

(7) $\dfrac{1}{3}(3x-5y)-\dfrac{2}{5}(x-2y)$ 　　　　　　　　　　　　（広島・修道高）

(8) $-3\{7b-9a-6(3a-2b)\}-(8b-5a)$ 　　　　　　　　　　　　（埼玉・城西大付川越高）

**24 ［式の値］ 〈頻出

次の問いに答えなさい。

(1) $a=-2$, $b=3$ のとき, $2(5a-2b)-3(3a-b)$ の値を求めなさい。　（長野県）

(2) $a=2$, $b=6$ のとき, $\dfrac{5}{6}a-\dfrac{1}{3}b-\left(\dfrac{1}{3}a-\dfrac{1}{2}b\right)$ の値を求めなさい。

　　　　　　　　　　　　　　　　　　　　　　　　　　　　　　（三重・鈴鹿高）

(3) $A=3x+1$, $B=-2x+3$, $C=4x-5$ のとき,

　　$\dfrac{2}{3}A-\dfrac{1}{2}B+\dfrac{3}{4}C$ を計算しなさい。

(4) $A=2x+2y+1$, $B=-x+y-\dfrac{1}{2}$, $C=3x-2y+\dfrac{3}{2}$ のとき,

　　$3(A-2B)-2(A+C)$ を計算しなさい。　　　　　（東京・東海大付高輪台高）

(5) $A=2x-3y-1$, $B=x+2y-3$, $C=-x+y+2$ のとき,

　　$4A+C-\{A-2(B+3C)+B\}$ を計算しなさい。　　　　　（京都成章高）

25 [1次式の計算の応用] <頻出

2つの式 A, B が $A=2x-5y-z$, $B=-x-7y+2z$ であるとき，3つの式 A, B, C について，$A-3B-C$ を計算したら，$-2x+5z$ となった。C の式を求めなさい。

(東京・筑波大附駒場高)

26 [数量を式に表す①] <頻出

次の問いに答えなさい。

(1) 長さ 30cm のテープを何本かつないで1本の長いテープを作る。6本つなぐと長さが 165cm になった。このテープを n 本つないだときの長さを n を用いて表しなさい。ただし，テープをつなぐときの"のりしろ"の長さは一定とする。

(2) ある数 x を 12 で割ると商が a で余りが 5 になる。また，a を 4 で割ると商が b で余りが 1 となった。x を b で表しなさい。

(3) ある会の会合に x 人が出席した。4人がけの長いすを y 脚用意し，その他の長いすは全部3人がけにすると，全員がちょうど着席することができた。長いすは全部で何脚あるか，x, y を用いて表しなさい。

27 [数量の間の関係を等式や不等式に表す] <頻出

次の数量の関係を，等式か不等式に表しなさい。

(1) x ページの本を読むのに，1日目に全体の $\frac{1}{3}$ を読み，次の日に残りの $\frac{3}{5}$ を読んだとき，残りは y ページであった。

(2) ある町の有権者の数は 18000 人で，そのうち p 割は男性である。ある選挙で，女性の投票率が 65% であるとき，投票した女性の人数は x 人であった。

(3) ある商品を a 円で仕入れ，4割の利益を見込んで定価をつけた。しかし，売れないので定価の x 割引きで売ったら，売値は 3000 円より安くなった。

着眼
26 (2) a で割ると商が b で余りが c となる数は，$ab+c$ と表せる。

*28 [数量を式に表す②]

長さ 180m の列車が 2 つの鉄橋 A, B を渡る。
列車がそれぞれの鉄橋を渡る時間について次のようなことがわかった。
　(ア) 列車が一定の速さで鉄橋 A を渡り始めてから渡り終えるまでに 30 秒かかる。
　(イ) 列車が(ア)の 2 倍の速さで鉄橋 B を渡り始めてから渡り終えるまでに 24 秒かかる。

(ア)における列車の速さを毎秒 x m として，次の問いに答えなさい。

(1) (ア)から鉄橋 A の長さを x を用いて表しなさい。
(2) (イ)から鉄橋 B の長さを x を用いて表しなさい。

**29 [数量を式に表す③]

A 君と B 君はまっすぐな線路に沿って向かい合って歩いている。いま，列車が A 君のわきを 22 秒で通過し，A 君を追い越した。その瞬間から 48 秒後に列車は B 君に会い，18 秒かかって B 君とすれ違った。列車，A 君，B 君の速さをそれぞれ r, a, b とするとき，次の問いに答えなさい。ただし，列車，A 君，B 君のいずれの速さも一定とする。
〈東京・中央大附高〉

(1) 列車の長さ ℓ を r と a で表しなさい。
(2) 列車の長さ ℓ を r と b で表しなさい。

*30 [数量を式に表す④]

(1) a % の食塩水 200g に食塩を b g 加えた後，水を 100g 蒸発させた。できた食塩水の濃度を求めなさい。
(2) 3 種類の金属 X, Y, Z がある。これらを適当に組み合わせて合金 A, B, C を作る。いま，合金 A は金属 X, Y からなり，その重量比は 7:3 である。合金 B は金属 X, Z からなり，その重量比は 3:2 である。合金 C は金属 X, Y, Z からなり，その重量比は 4:5:1 である。合金 A を a g, 合金 B を b g, 合金 C を c g まぜ合わせて合金 D を作った。合金 D に含まれる金属 X, Y, Z の重さを a, b, c を用いて表しなさい。

着眼
30 (1) 濃度(%) = $\dfrac{\text{食塩の重さ}}{\text{食塩水の重さ}} \times 100$, 食塩の重さ = 食塩水の重さ $\times \dfrac{\text{濃度(%)}}{100}$

*31 [規則性①] 〈頻出〉

右の図のように，直方体のブロックが一番上の段には1個，上から2段目には2個，上から3段目には3個，…，というように，上からn段目にはn個使って，左右対称に積み上げられている。一番下の

段には，左から順に同じ量ずつ増加する数が，あらかじめ各ブロックに1つずつ書かれているものとする。次の規則にしたがって計算し，一番上の段まで数を書いていく。

規則
隣り合ったブロックに書かれている数の和を，両方が接している1つ上のブロックに書く。
〈例〉一番下の段のブロックが3個で，各ブロックに1から始まり1つずつ増える数が書かれているとき

このとき，次の問いに答えなさい。

(京都府)

(1) 右の図のように，一番下の段のブロックが5個で，各ブロックに$x-2y$から始まりyずつ増える数が書かれているとき，図中のブロック□にあてはまる数を文字式で書きなさい。

(2) 右の図のように，一番下の段のブロックが9個で，各ブロックに1から始まり6ずつ増える数が書かれているとき，図中のブロック a・b にあてはまる数をそれぞれ書きなさい。

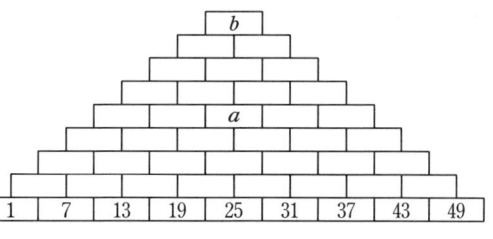

【着眼】
31 (2)は(1)の図形を使って考える。

32 [規則性②] 頻出

黒石1個を1番目とし，2番目からは，白石，黒石を交互に加えて，下の図のような正方形の形を作っていく。このとき，それぞれの形について，黒石の個数，白石の個数，黒石の個数から白石の個数を引いたときの差，および，黒石の個数と白石の個数の和を表のようにまとめた。次の問いに答えなさい。

(島根県)

図
```
1番目    2番目    3番目     4番目    …
 ●       ●○      ●●○       ●○●○
         ○○      ○○○       ○○○○
                 ●●●       ●●●○
                            ○○○○
                            ○○○○○
```

表

図の番号	1番目	2番目	3番目	4番目	5番目	6番目	7番目	…	エ番目	…
黒石の個数	1	1	6	6	ア			…	オ	…
白石の個数	0	3	3	10	イ			…	カ	…
差	1	−2	3	−4		ウ		…		
和	1	4	9	16				…	100	

(1) 表のア〜ウにあてはまる数を求めなさい。
(2) 7番目の形は，6番目の形に何色の石を何個加えてできるか答えなさい。
(3) 表のエ〜カにあてはまる数を求めなさい。
(4) 黒石，白石がそれぞれ200個ずつ合計400個あるとき，最も大きな正方形を作りたい。何番目の形を作ることができるか，求めなさい。

33 [規則性③] 頻出

同じ長さのマッチ棒を下の図のように組み立てていく。上から1段目，2段目，3段目，…とする。次の問いに答えなさい。

(宮城・東北学院高)

(1) 1段目から4段目まで組み立てるとき，マッチ棒は何本必要ですか。
(2) 1段目から $n+1$ 段目まで組み立てるときに使うマッチ棒の数は，1段目から n 段目まで組み立てるときよりも何本多くなりますか。

34 〔規則性④〕

長方形の紙にかかれた作品を，画びょうを使って掲示板に掲示したい。1枚の作品は，図1のように6個の画びょうでとめる。2枚以上の作品を横1列に掲示するときは，図2のように，左右にとなり合う作品を少し重ねて画びょうでとめる。
次の問いに答えなさい。　　　　　（岐阜県）

図1

図2

(1) 5枚の作品を横1列に掲示するときに使う画びょうの個数を求めなさい。

(2) n 枚の作品を横1列に掲示するときに使う画びょうの個数について，太郎さんと花子さんはそれぞれ次のように考えた。アには数を，イ～エには n を使った式を，それぞれあてはまるように書きなさい。

太郎さんの考え
掲示する作品が1枚増えるごとに，使う画びょうは ア 個ずつ多くなる。したがって，n 枚の作品を掲示すると，1枚だけ作品を掲示するより，画びょうは イ 個多くなる。

花子さんの考え
n 枚の作品を重ねないで別々に掲示すると， ウ 個の画びょうを使う。しかし，図2のように掲示すると，画びょうは エ 個少なくなる。

(3) n 枚の作品を横1列に掲示するときに使う画びょうの個数を n を使った式で表しなさい。

(4) 20枚の作品を，図3のように横に同じ枚数ずつ，縦に2段以上で掲示し，全体が長方形になるようにしたい。このとき，上下にとなり合う作品も少し重ねて画びょうでとめる。

① 横に10枚ずつ，縦に2段で掲示するときに使う画びょうの個数を求めなさい。

図3

② 20枚の作品を掲示するために使う画びょうの個数が最も少なくなるとき，その個数を求めなさい。ただし，掲示板の大きさから，作品の掲示は縦に9段以内とする。

35 [規則性⑤]

右の図は，明石海峡大橋で使われているケーブルの断面を模式的に表したものである。

美紀さんと紀男さんは，この断面の模様の並び方に興味をもち，碁石を使って考えてみた。

図1の1番目の図形は，中心となる碁石を1個おき，そのまわりに碁石を並べたもので，2番目の図形は，さらにその外側に碁石を並べたものである。

このようにして，3番目，4番目，…と同じ規則で碁石を並べて，図形を順に作っていく。

次の問いに答えなさい。

(和歌山県)

図1

1番目　　2番目　　3番目

(1) 次の表は，図1のように，碁石を規則正しく並べて，1番目，2番目，3番目，…と図形を作っていったときの順番と，一番外側の碁石の個数についてまとめたものである。

順番（番目）	1	2	3	4	イ	☆	★
一番外側の碁石の個数(個)	6	12	18	ア	54	a	b

☆，★は，連続する2つの順番を表す。

① 表中のア，イにあてはまる数を書きなさい。
② 表中の a，b の関係を等式に表しなさい。
③ n 番目の図形を作るとき，一番外側の碁石は何個必要か，n の式で表しなさい。

⑵ 美紀さんは，図1の3番目の図形を作るとき，全部で何個の碁石が必要かを求めるために，下のような方法を考えた。
　美紀さんの考え方を参考にして，10番目の図形を作るためには，全部で何個の碁石が必要か，求めなさい。

〈美紀さん〉

> 　図2のように，3番目の図形を，中央の碁石と，三角形状に並んだ6個の碁石に分ける。
> 　三角形状に並んだ1組の碁石の個数は，1+2+3(個)だから，3番目の図形を作るのに必要な碁石全部の個数は，
> 1+(1+2+3)×6＝37(個)となる。

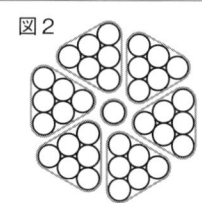

図2

⑶ 紀男さんは，美紀さんとは別の方法で，碁石の個数を求めた。下の方法は，紀男さんの考え方をまとめたものである。
　紀男さんの考え方を用いて，n番目の図形を作るためには，全部で何個の碁石が必要か，nの式で表しなさい。

〈紀男さん〉

> 　図3のように，3番目の図形を，ひし形状に並んだ3組の碁石，直線状に並んだ3組の碁石，中央の碁石に分ける。
> 　ひし形状に並んだ1組の碁石の個数は，3×3(個)，直線状に並んだ1組の碁石の個数は3個だから，3番目の図形を作るのに必要な碁石全部の個数は，
> 3×3×3+3×3+1＝37(個)となる。

図3

第2回 実力テスト

時間 45分　合格点 70点　得点 /100

1 次の計算をしなさい。　　　　　　　　　（各4点×8）

(1) $3(3x+y)-7y$　　　　　　　　　（奈良県）

(2) $2(x-3)-4(2y-x-1)$　　　　　　（兵庫・神戸学院大附高）

(3) $5b-3(-4a+8b)-4b$　　　　　　（兵庫・神戸一高）

(4) $\dfrac{x+3y}{2}-\dfrac{x-y}{3}$　　　　　　　（福岡・東海大付五高）

(5) $\dfrac{3a-4b}{5}-a+2b-\dfrac{a-8b}{15}$　　　（京都・同志社国際高）

(6) $\dfrac{2x+y}{3}-\dfrac{3(x-y)}{2}+x-\dfrac{8}{3}y$　　（東京・明星高）

(7) $x-2y-\left\{\dfrac{1}{2}x-\dfrac{1}{3}(x+5y)\right\}$　　（京都・立命館宇治高）

(8) $5x-\dfrac{1}{3}\{-2x+5y-2(2x+y)\}$　　（大阪・樟蔭高）

2 次の問いに答えなさい。　　　　　　　　（各4点×6）

(1) $a=3$, $b=-2$ のとき，$3a-4b-5a+9b$ の値を求めなさい。
（兵庫・神戸一高）

(2) $a=3$, $b=-\dfrac{2}{5}$ のとき，$3(2a-b)-4(a-2b)$ の値を求めなさい。
（大阪・樟蔭高）

(3) $a=-\dfrac{3}{5}$, $b=1$ のとき，$2a+b+\dfrac{a-b+3}{2}-\dfrac{5a+2b-2}{3}$ の値を求めなさい。

(4) $A=2x+y-1$, $B=x-y-2$ のとき，次の計算をしなさい。
　① $A-B$　　② $3A-2(A+B)$　　③ $5(A-B)-2(A+B)$

3 一の位の数が0でない2けたの自然数を A，A の一の位の数と十の位の数を入れかえてできる自然数を B とする。A の一の位の数を a，十の位の数を b とするとき，次の問いに答えなさい。　（滋賀・近江高）（各3点×3）

(1) 自然数 A を a と b を用いて表しなさい。
(2) $A+B$ はある数の倍数となる。ある数を求めなさい。
(3) $A-B$ はある数の倍数となる。ある数を求めなさい。

4 下の図は，同じ大きさの黒と白の正方形のタイルを並べる手順を示したものである。まず1回目に黒タイルを置く。2回目は，1回目の黒タイルの外側に白タイルをすき間なく並べ，3回目には，さらに白タイルの外側に黒タイルをすき間なく並べる。このようにしてタイルを並べていくとき，次の問いに答えなさい。

(鹿児島県)（各5点×4）

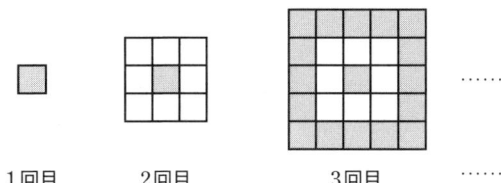

1回目　　2回目　　3回目

(1) 5回目が終わったとき，並べたタイルは黒と白合わせて全部で何枚ですか。
(2) ある回までタイルを並べ終わってできた正方形は，1辺に a 枚のタイルが並んでいた。次の回に新たに並べるタイルは何枚か，a を用いて表しなさい。
(3) タイル1枚の1辺の長さは10cmで，ある回までタイルを並べ終わってできた正方形の面積が2.25m^2となった。このとき，次の問いに答えなさい。
　① この正方形の1辺の長さは何cmですか。
　② 白タイルの部分の面積は何cm^2ですか。

5 合同な形の長方形を，上から1段目1個，2段目2個，3段目3個，…と1段ごとに1個ずつ増やした形に並べる。
　右の図は3段目まで並べた場合の例である。太線はこのときの周囲を表している。

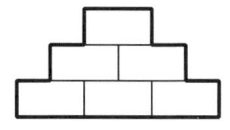

(獨協埼玉高)（各5点×3）

(1) 縦1cm，横2cmの長方形を5段目まで並べたとき，その図形の周囲の長さを求めなさい。
(2) 縦1cm，横2cmの長方形を n 段目まで並べたとき，その図形の周囲の長さを求めなさい。
(3) 縦と横の長さの和が3cmの合同な長方形であれば，どんな形の長方形でも同じように n 段目まで並べたときの周囲の長さは，(2)と同じになることを説明しなさい。

3 方程式

解答 別冊 p. 20

*36 [1次方程式を解く①] ◁頻出

次の1次方程式を解きなさい。

(1) $5x-1=3x-11$
(2) $3x-1=-2x+14$
(3) $3(x+4)=-x$
(4) $2(x-3)=3(x+1)+2$
(5) $4(3x-1)-(x+2)=14$
(6) $2(x+1)-5(x-1)=6$
(7) $5x-(-x+3)=2(x+4)-3x+2$

*37 [1次方程式を解く②] ◁頻出

次の1次方程式を解きなさい。

(1) $5(x-3)=3x-10$ 〔青森県〕
(2) $\dfrac{2}{3}x-1=\dfrac{1}{6}x+2$ 〔千葉県〕
(3) $\dfrac{2}{3}x-\dfrac{3}{4}=2$ 〔神奈川・桐蔭学園高〕
(4) $1.8x-\dfrac{7}{3}=\dfrac{5}{2}x+4$ 〔神奈川・日本女子大附高〕
(5) $\dfrac{x}{5}-\dfrac{2-x}{3}=2$ 〔大阪・相愛高〕
(6) $1-\dfrac{3-x}{2}=x$ 〔大阪・金光八尾高〕

**38 [複雑な1次方程式を解く①] ◁頻出

次の1次方程式を解きなさい。

(1) $\dfrac{3x-5}{3}-\dfrac{x+2}{2}=0$ 〔奈良育英高〕
(2) $\dfrac{4(3x+1)}{5}-\dfrac{5x-1}{3}=7$ 〔大阪・開明高〕
(3) $\dfrac{1}{2}x-0.5=0.2x+\dfrac{2}{5}$ 〔大阪・城星学園高〕
(4) $0.5x+\dfrac{2}{5}(2-3x)=\dfrac{-7x+5}{2}-0.3$ 〔金光大阪高〕
(5) $\dfrac{1}{2}-\dfrac{3x-1}{4}=\dfrac{x+3}{6}-x$ 〔兵庫・須磨ノ浦女子高〕

39 [複雑な1次方程式を解く②] 〈頻出

次の1次方程式を解きなさい。

(1) $0.3x = \dfrac{2}{5}(x-3) + 0.5$ （金光大阪高）

(2) $4x - 2\left(2x - \dfrac{1-3x}{4}\right) = \dfrac{3x-1}{3}$ （大阪女学院高）

(3) $3x - 2\left(x - \dfrac{1-2x}{3}\right) = \dfrac{2x-1}{2}$ （東京・明治学院高）

(4) $\left(5 - \dfrac{x}{2}\right) : \dfrac{3x+2}{7} = 35 : 6$

40 [解に関する問題①]

次の方程式のうち，解が -3 より大きくなるものはどれか，記号ですべて答えなさい。

ア　$3 - x = 5$　　イ　$\dfrac{x}{7} - 2 = \dfrac{1}{3}x$　　ウ　$\dfrac{5x+2}{3} = \dfrac{x+1}{2}$　　エ　$12 + 3x = -2x - 4$

41 [解に関する問題②] 〈頻出

次の問いに答えなさい。

(1) x についての1次方程式 $x + a = 3ax - 1$ の解が $x = 3$ のとき，a の値を求めなさい。

(2) x についての1次方程式 $\dfrac{x-2}{3} + \dfrac{x-a}{4} = 1$ の解が $x = 2$ のとき，a の値を求めなさい。
（茨城・江戸川学園取手高）

(3) x についての1次方程式 $5x + 2a = -x + 16$ の解が $x = 3a + 1$ のとき，a の値を求めなさい。

(4) x についての1次方程式 $5(x+3) - 2(x+2a) = 48$ の解が，1次方程式 $\dfrac{4}{5}x - \dfrac{3}{10} = \dfrac{1}{2}x - \dfrac{21}{5}$ の解と等しいとき，a の値を求めなさい。

着眼

41 (4) $\dfrac{4}{5}x - \dfrac{3}{10} = \dfrac{1}{2}x - \dfrac{21}{5}$ の解を，$5(x+3) - 2(x+2a) = 48$ に代入する。

42 [代金に関する問題①]

大阪桐蔭高等学校のあるクラスは，文化祭の模擬店でフランクフルトとわた菓子を販売した。フランクフルトは1本120円，わた菓子は1個100円だったが，両方を同時に買うとどちらも1割引きとした。全部で120人の人が，どちらか一方または両方を買い，売り上げは15904円であった。フランクフルトを買った人は86人で，また1人で同じ品物を2つ以上買った人はいなかった。このとき，わた菓子を買った人は何人ですか。

(大阪桐蔭高)

43 [代金に関する問題②]

自動販売機で1個120円のジュースを買うために，100円硬貨と50円硬貨を合わせて20枚用意した。100円硬貨2枚を使って，ジュース1個を買い，おつりを取り出した。このようにして，100円硬貨をすべて使い，出てきたおつりと最初から用意した50円硬貨を全部合わせたら，さらに7個のジュースを買うことができ，20円残った。最初に100円硬貨は何枚あったか答えなさい。

(大阪・常翔学園高)

44 [代金に関する問題③] ◀頻出

ある美術館ではおとな1人の入場料が x 円で，子どもはその半額である。また，おとなと子どもに関係なく20人以上であれば団体扱いとなり，その場合の料金はおとなと子どもの料金のそれぞれ8割となる。　(京都・立命館宇治高)

(1) おとな9人，子ども12人の料金は団体扱いで9600円であった。x の値を求めなさい。
(2) おとなと子どもを合わせて40人の団体の入場料が一般料金で計算した場合と比べて4000円安くなったという。このとき，おとなと子どもの人数はそれぞれ何人ですか。
(3) おとなより子どもの人数が多いグループがこの美術館に入ったとき，入場料の合計金額はちょうど10000円であった。おとなと子どもの人数の考えられる組み合わせをすべて求めなさい。

着眼
42 フランクフルトを買った人 + わた菓子を買った人 =120人 + 両方買った人
43 100円硬貨の枚数を x 枚とすると，買ったジュースは $\left(\dfrac{x}{2}+7\right)$ 本である。
44 (3) 団体扱いとなる場合とならない場合を考える。

45 ［代金に関する問題④］ 頻出

1個2750円の棚を10個，板を5枚購入する。これらを家まで送ってもらうのに送料が品物の合計金額の4%かかり，また100円未満の金額を引いてもらったので支払った金額は33200円であった。引いてもらった金額は板1枚の値段の1割より10円安かったという。

ただし，商品の価格や送料に対する消費税は考えないものとする。

(奈良・帝塚山高)

(1) 板1枚の値段をx円としたとき，引いてもらった金額をxを用いて表しなさい。
(2) 板1枚の値段を求めなさい。

46 ［割合に関する問題①］

ある高校の1年生は，音楽と美術のどちらか1科目を選択することになっている。1年生全員の男女比が7：5，音楽を選択した生徒の男女比が6：5，美術を選択した生徒の男女比が5：3であった。

美術を選択した生徒が200名であったとき，次の問いに答えなさい。

(東京・専修大附高)

(1) 美術を選択した生徒は男女それぞれ何名ずつですか。
(2) 1年生全員の生徒数を求めなさい。

47 ［割合に関する問題②］

昨年の囲碁クラブ員は30人であった。今年の1年生は昨年の1年生の2倍入部し，今年の3年生は昨年の3年生の$\frac{3}{2}$の人数となった。その結果，今年の部員数は昨年の部員数と変わらなかった。昨年の1，2年生で退部した人はいなかった。今年の2年生の部員数を求めなさい。

(東京・日本大豊山高)

着眼

46 (2) 1年生全員の人数をx人として，男子（または女子）の人数に着目して方程式を作る。

47

	1年生	2年生	3年生	計
今年	$2x$	x	$30-(2x+x)$	30
昨年	x	$30-3x$	$30-(x+30-3x)$	30

昨年と今年の3年生の人数で立式する。

48 〔数に関する問題①〕

百の位の数と一の位の数の和が 10 である 4 けたの自然数について，次の問いに答えなさい。　　　　　　　　　　　　　　　　　　　　（東京・成城学園高）

(1) 千の位の数と十の位の数の積が 7 である偶数は何個あるか答えなさい。

(2) 千の位の数と百の位の数の和が 7 で，十の位の数が千の位の数の 2 倍である自然数がある。百の位の数を a として，その数を a を用いて表しなさい。また，そのような自然数は何個あるか答えなさい。

(3) 自然数 A と，A の千の位の数と十の位の数を入れかえた自然数 B がある。$B-A=1980$ であるような自然数 A の千の位の数と十の位の数の和を考えるとき，その和の中で最も小さい値を求めなさい。

49 〔数に関する問題②〕

次の問いに答えなさい。　　　　　　　　　　　　　　　　　（大阪教育大附高平野）

(1) 2004 を連続する 3 つの整数の和として表しなさい。
　　（例えば 15 は 15＝4＋5＋6 のように表すことができる）

(2) 2004 は連続する 4 つの整数の和として表すことができないことを示しなさい。

50 〔仕事に関する問題①〕 ◀頻出

ある仕事をするのに，兄 1 人ではちょうど 18 日かかり，弟 1 人ではちょうど 30 日かかる。また 2 人が力を合わせて働くときは，兄は弟の世話をしながら作業をするため，兄の仕事の速さは 10％ 遅くなるが，弟は 50％ 速くなる。弟が 1 人で x 日間働いた後，兄が加わって全部でちょうど 14 日間で仕事を完成させた。x の値を求めなさい。　　　　　　　　　　　　　　（東京・慶應女子高）

着眼

50 全仕事量を 1 とすると，兄 1 人で 1 日にできる仕事量は $\dfrac{1}{18}$，弟 1 人で 1 日にできる仕事量は $\dfrac{1}{30}$ である。

51 [仕事に関する問題②]

直方体の水そうA，B，Cがあり，Aの底面積は$2cm^2$である。A，B，Cのそれぞれに同じ量の水を入れると水深が10cm，12cm，30cmになった。このとき，次の問いに答えなさい。　　　　　　　　　　　（東京工業大附科学技術高）

(1) B，Cの底面積をそれぞれ求めなさい。

(2) $28cm^3$の水を空の水そうA，B，Cに分けて入れ，3つの水そうの水深を同じにしようとしたところ，A，Bは同じになったが，Cだけ水深が3cm深くなってしまった。このとき，Cの水深を求めなさい。

(3) バケツにある量の水が入っている。この水をまず空の水そうAに水深2cmまで入れ，残りを空の水そうB，Cに同じ深さになるように入れた。次に，Bの半分をAに入れ，CからAに適当に入れたところ，Cの水深が3cm減り，Aの水深は7cmになっていた。このとき，最初にバケツに入っていた水の量を求めなさい。

52 [仕事に関する問題③]

空の水そうに給水管Aから毎分20Lの割合で水を入れる。水が水そう全体の$\frac{7}{12}$までたまった時に排水管Bを開き，毎分12Lの割合で水を抜きはじめた。水そうが満水になったら給水管Aを閉じて給水を止め，排水管Bだけでx分間水を抜いていったところ，給水管Aで水を入れはじめてから79分後に水そうが空になった。次の問いに答えなさい。　　　　　　　（東京・青山学院高）

(1) 最初に排水管Bを閉じた状態で水を入れていた時間は何分か，xを用いて表しなさい。

(2) xの値を求めなさい。

(着眼)
51 (1) Aの水の体積を求め，底面積＝体積÷高さ を利用する。
　　(2) Cの水深を$x$cmとして考える。
　　(3) はじめに同じにしたB，Cの深さを$y$cmとして考える。

3 方程式

★★ 53 [仕事に関する問題④]

a 枚の紙を印刷するのに，1時間に y 枚印刷できる印刷機を x 台使うと4時間かかり，$(x+2)$ 台使うと2時間40分かかった。

印刷の速さを1.2倍にした印刷機を $(x-2)$ 台使うとき，a 枚の紙を印刷するのに何時間何分かかるかを求めなさい。

(千葉・市川高)

★ 54 [速さに関する問題①] ＜頻出

A駅からB駅まで行くのに普通電車に乗るよりも，10分後にでる急行電車に乗る方が3分早く着くという。普通電車は平均時速50km，急行電車は平均時速63kmの速さで走っているとして，A，B両駅間の距離を求めなさい。

(東京農大一高)

★ 55 [速さに関する問題②]

太郎君は毎朝，家から駅まで行くのに，いつもの毎分250mの速さで自転車をこぐと25分かかる。ある日，家を出発したところ，途中でパンクしたので，500m先の安全なところまで，毎分100mの速さで自転車を押して歩き，5分でパンクを直してから，いつもの2割増しの速さで自転車をこいだが，駅に着いたのは予定より5分遅かった。パンクしたのは家から何mの地点か求めなさい。

(城北埼玉高)

★ 56 [速さに関する問題③] ＜頻出

とも君は，朝7時10分に家を出て2.7km離れた学校へ向かった。分速60mで歩き始めたが，300m歩いたところで，忘れ物に気づき，家まで走って帰った。家で忘れ物を見つけるために3分間かかり，その後，家から学校まで走っていった。このとき学校に到着する時刻を求めなさい。ただし，走る速さは歩く速さの2倍とする。

(群馬・前橋育英高)

着眼

53 a を x と y を用いて，2通りに表す。

54 A駅を同時に出発する場合，普通電車に乗るよりも，急行電車に乗る方が，13分早く着く。

57 [速さに関する問題④] <頻出

　一郎さんは，家から 2000m 離れた図書館に行くために 12 時に家を出発し，毎分 60m の速さで歩いていた。歩き始めてから 15 分後に忘れ物をしたことに気づき，毎分 90m の速さで家に戻った。忘れ物を取った後，再び家を出発し，12 時 45 分に図書館に着いた。

　一方，一郎さんの妹の花子さんは，その図書館を 12 時に出発して家に向かった。

　このとき，次の問いに答えなさい。ただし，一郎さんと花子さんは同じ道を歩いたものとし，また，一郎さんが忘れ物を取りに戻ったときに家にいた時間は考えないものとする。
(岩手県)

(1) 右の図は，一郎さんが家を出発してから忘れ物に気づくまでの時間と道のりの関係をグラフに表したものである。一郎さんが忘れ物に気づいてから図書館に着くまでのグラフを図にかき入れなさい。

(2) 花子さんは，12 時に図書館を出発し，毎分 50m の速さで家まで歩いた。その途中で花子さんは一郎さんと出会った。2 人が出会った時刻を求めなさい。

58 [速さに関する問題⑤]

　A 地点から B 地点まで，一本道で，5km の道のりである。
　J 君は A 地点から B 地点へ向かって，3 分間は毎時 6km の速さで歩き，次の 10 分間は毎時 12km の速さで走ることをくり返す。
(城北埼玉高)

(1) J 君が A 地点から出発してから，B 地点に着くまで何分何秒かかるか答えなさい。

(2) J 君が出発すると同時に，S 君は B 地点を出発して，毎時 9km の速さで休まずに走り続ける。2 人が出会うのは出発してから，何分何秒後か。また出会った地点は A 地点から何 m のところか答えなさい。

着眼
58 (2) まず，3 分後，13 分後，16 分後について調べる。

59 [速さに関する問題⑥]

A駅と40km離れたB駅との間を結ぶ電車の路線があり，A駅から16km離れた地点にP駅がある。この路線の電車は，A駅，B駅とも始発が6時で，その後10分ごとに発車し，途中P駅での2分間の停車時間を含めてA駅とB駅との間を32分で結ぶダイヤで運行されている。

次の問いに答えなさい。ただし，電車の速さは一定で，電車の長さは考えないものとする。　　　　　　　　　　　　　　　　　　　　　　　　(兵庫県)

(1) A駅6時発の電車の運行のようすを表すグラフを，下の図にかきなさい。また，電車の速さは毎時何kmか，答えなさい。

(2) A駅6時発の電車とB駅6時20分発の電車がすれ違うのは，A駅から何kmの地点か，答えなさい。

(3) このダイヤで電車を運行するとき，A駅発の電車とB駅発の電車がすれ違う地点は，何か所かに限られており，(2)の地点はそのうちの1か所である。電車がすれ違う地点は，全部で何か所あるか，答えなさい。

60 [速さに関する問題⑦]

A町からB町まで1台のバスが毎分800mの速さで往復している。バスは途中では止まらず，A町，B町でそれぞれ5分間停車する。ある人がバスと同時にA町を出発して毎分80mの速さでB町へ向かった。この人がB町に着くまでに，バスに出会うことと追い抜かれることが合計5回あった。A町からB町までの道のりは a m より長く b m より短いとして，次の問いに答えなさい。ただし，スタート時とゴール時は回数に含まないものとする。　　(兵庫・甲南高)

(1) 方程式を作って a の最小の値を求めなさい。
(2) 方程式を作って b の最大の値を求めなさい。

着眼
60 バスと人の移動のようすをグラフに表してみる。

61 [速さに関する問題⑧]

1辺が10cmの正方形ABCDの頂点A上に点P，頂点B上に点Qがある。点Pは毎秒1cmの速さ，点Qは毎秒2cmの速さでそれぞれ右の図の矢印の向きに辺に沿って動き，点Qが点Pに追いついたらそこで止まるとする。今，点Pと点Qが同時に出発したとして，次の問いに答えなさい。　　　　（大阪・桃山学院高）

(1) 点Qが点Pに追いつくのは出発してから何秒後ですか。

(2) 点QがCD上にあるとき，BP＝CQになるのは出発してから何秒後ですか。

(3) △BPQが直角二等辺三角形になるのは出発してから何秒後と何秒後ですか。

62 [速さに関する問題⑨] ◁頻出

AさんとBさんは1周1000mの円形ウォーキングコースを地点Pから同時に出発した。ただし，Aさんは時計回りに，Bさんは反時計回りに進むものとする。Aさんは毎分100mの速さで進み，Bさんは毎分150mの速さで進むとき，次の問いに答えなさい。　　　　　　　　　　　　（新潟明訓高）

(1) Aさんが最初に地点Pに戻るのは何分後か，答えなさい。

(2) 2人が3回目にすれ違うのは出発してから何分後か，答えなさい。

(3) 2人がすれ違う場所がちょうど地点Pになるのは何回目にすれ違うときか，答えなさい。

着眼
61 (3) 1回目は，点PがAB上，点QがBC上にあるとき，2回目は，点PがBC上，点QがAB上にあるときである。
62 (3) Aが1周する時間(分)と，2人が1度すれ違ってから次にすれ違うまでの時間(分)との最小公倍数を考える。

63 ［速さに関する問題⑩］

図のように中心をOとする半径5の円周上に点A，半径6の円周上に点B，Cがある。O，A，Cは一直線上に並んでおり，∠BOC＝30°とする。点Pは点Aを出発点として毎秒2πの速さで半径5の円周上を，点Qは点Bを出発点として毎秒4πの速さで半径6の円周上を動く。点PとQが同時に出発したとして，次の問いに答えなさい。

（大阪・城南学園高）

(1) 点Pが1周して点Aに戻るまでに何秒かかるか答えなさい。
(2) 出発したときから，点Pが左回転，点Qが右回転し続けたとき，O，P，Qの順で3点が初めて同一直線上に並ぶのは何秒後ですか。
(3) 出発したときから，点Qが左回転し続けたとき，点Cに初めてたどり着くのは何秒後ですか。
(4) 出発したときから，点P，Qがともに左回転し続けたとき，O，P，Qの順で3点が初めて同一直線上に並ぶのは何秒後ですか。

64 ［速さに関する問題⑪］

点Oを中心とする1周900cmの円がある。点P，Qは円周上の地点Sを同時に出発し，この円周上を，Pは反時計回りに秒速50cmで，Qは時計回りに秒速30cmで進む。このとき，次の問いに答えなさい。

（大阪教育大附高池田）

(1) 次の□□□の中にあてはまる数を入れなさい。
① 出発後に，P，O，Qが初めて一直線上に並ぶのは□□□秒後である。
② 出発後に，P，Qが再び地点Sで出会うのは□□□秒後であり，この間に，S以外の地点で□□□回出会う。
(2) 3点S，P，Qを結んだ三角形が，出発後初めて二等辺三角形になるのは，何秒後ですか。

着眼
63 (2) 点P，Qがそれぞれ1秒間に何度回転するかを考える。
64 (2) $\stackrel{\frown}{SP}=\stackrel{\frown}{SQ}$，$\stackrel{\frown}{PS}=\stackrel{\frown}{PQ}$，$\stackrel{\frown}{PQ}=\stackrel{\frown}{QS}$ となるときを考える。
（注）円周のSからPまでの部分を弧SPといい，$\stackrel{\frown}{SP}$と書く。

65 ［速さに関する問題⑫］

　J高校科学部は2台のソーラーカーを作った。
　A車は半径5mの円周上を9秒で1周し，B車は半径10mの円周上を12秒で1周する。
　右の図のように，2台をスタートラインから同じ方向に走らせる。A車，B車のt秒後の位置をA，Bとし，2つの円の中心をOとする。ただし，2台とも速さは一定であるものとする。

（城北埼玉高）

(1) スタートラインをOXとして，最初に∠XOAが140°となるのは何秒後か答えなさい。

(2) A，O，Bが最初に一直線上に並ぶのは何秒後か答えなさい。

(難)(3) ∠OABが2度目に90°となるのは何秒後か答えなさい。

66 ［速さに関する問題⑬］

　1周$x$kmの円形コースのP地点を，A，Bの2人が同時に同じ方向に向かってスタートし，ともに2周走って同時にP地点にゴールした。Aは1周目を時速12kmで，2周目を時速10kmで走った。Bは，はじめの20分間を時速12kmで走り，次の20分間を時速11kmで走った。このように，Bは20分間走るごとに時速1kmずつ減速していき，2周走ってP地点にゴールしたときの速さは時速9kmであった。次の問いに答えなさい。　（奈良・智辯学園高）

(1) Bが時速9kmで走った道のりをxの式で表しなさい。

(2) A，Bが同時にスタートしてから同時にゴールするまでにかかった時間は，xの式で2通りに表すことができる。それらの式を求めなさい。

(3) xの値を求めなさい。

(難)(4) BがAを追い越したのは，スタートしてから何時間後でしたか。

【着眼】

66 (1) Bの速さが時速9kmになるまでに走った距離は $(12+11+10)\times\dfrac{1}{3}=11$(km)

*67 [食塩水に関する問題①] 頻出

Aの容器に濃度2%の食塩水が200g，Bの容器には濃度3%の食塩水が300g，Cの容器には濃度4%の食塩水が400g入っている。いま，A，B，Cそれぞれの容器から，同量の食塩水をxgずつ同時に取り出し，Aから取り出した食塩水をBに，Bから取り出した食塩水をCに，Cから取り出した食塩水をAに入れた。このとき，次の問いに答えなさい。 　　（神奈川・日本女子大附高）

(1) Aの容器から取り出した食塩水に含まれていた食塩の量をxを用いて表しなさい。

(2) Aの容器内の食塩水の濃度をxを用いて表しなさい。

(3) Aの容器内の食塩水の濃度とCの容器内の食塩水の濃度が等しくなった。このとき，取り出した食塩水の量と，Aの容器内の食塩水の濃度を求めなさい。

*68 [食塩水に関する問題②]

A，B2つのビーカーがある。Aには濃度9.5%の食塩水が400g，Bには濃度6%の食塩水が450g入っている。Aから食塩水を100gだけ取り出し，Bから取り出した食塩水とまぜ合わせると，濃度8%の食塩水ができた。次に，A，Bそれぞれに残った食塩水をすべてまぜ合わせ，100gだけ水を蒸発させて新たに食塩水を作った。このとき，次の問いに答えなさい。 　　（神奈川・法政大二高）

(1) ビーカーBから取り出した食塩水の重さを求めなさい。

(2) 最後に作られた食塩水の濃度を求めなさい。ただし，答えは小数第2位を四捨五入して答えること。

**69 [食塩水に関する問題③] 頻出

12%の食塩水200gの入った容器がある。まず，この容器からxgの食塩水をくみ出して捨て，これに9%の食塩水$\dfrac{x}{2}$gと水$\dfrac{x}{2}$gを入れてかきまぜると，10.5%の食塩水ができるという。次の問いに答えなさい。 　　（東京・成蹊高）

(1) xについての方程式を作りなさい。

(2) xの値を求めなさい。

★★ 70 ［食塩水に関する問題④］

容器Aには濃度a%の食塩水が400g，容器Bには濃度b%の食塩水が200g入っている。容器Aから容器Bに200gの食塩水を移してよくかきまぜた後，容器Bから容器Aに200gの食塩水を戻すと，容器A，Bの食塩水の濃度の比は3:4となった。次の問いに答えなさい。

(近畿大附和歌山高)

(1) a，bの間に成り立つ関係式を求めなさい。
(2) さらに，容器Aから容器Bに150gの食塩水を移してよくかきまぜた後，容器Bから容器Aにxgの食塩水を戻し，両方の容器の水を蒸発させたところ，それぞれの容器には同量の食塩が残った。xの値を求めなさい。

★★ 71 ［食塩水に関する問題⑤］

排出量が調節できる2つの蛇口A，蛇口Bがある。Aからは常に5%の食塩水が，Bからは常に10%の食塩水がそれぞれ排出できる。ある容器に食塩水を満たすのに，Aを全開にし，Bを使わなければ30分かかる。また，Aの排出量が全開のときの半分になるように絞り，Bを全開にして同時に排出すると40分かかる。

(兵庫・白陵高)

(1) 全開でのA，Bの排出量をそれぞれ毎分$x$kg，$y$kgとするとき，yをxの式で表しなさい。
(2) AとB両方を全開にして容器を満たしたとき，何%の食塩水ができますか。
(難) (3) 容器内の食塩水の濃度が常に7%になるようにしながら，できるだけ早く食塩水で容器を満たしたい。AとBのどちらの蛇口を，排出量が全開時の何%になるように絞ればよいか答えなさい。

着眼
70 食塩の量に着目して解く。
71 (3)は(2)よりどちらの蛇口を絞るかが判断できる。
AとBの排出量の比は4:1である。絞る方を全開時のa%として考える。

*72 ［いろいろな問題］ <頻出

A さんと B さんは，じゃんけんをして数直線上を移動するゲームをした。ルールは次の通りである。

［ルール 1］　じゃんけん 10 回を 1 セットとする。

［ルール 2］　各セットの開始時には，A さんは原点 0，B さんは 6 の位置にいる。

［ルール 3］　じゃんけん 1 回につき，勝てば正の方向に 2 だけ進み，負ければ負の方向に 1 だけ進む。また，あいこなら移動しない。

(近畿大附和歌山高)

(1) 第 1 セットの結果，A さんが勝ったのは 5 回，あいこは 3 回であった。A さんの位置を求めなさい。また，B さんの位置を求めなさい。

(2) 第 2 セットの結果，あいこの回数は A さんが勝った回数の 2 倍であったので，A さんと B さんは同じ位置にきた。このとき，次の問いに答えなさい。

① A さんが勝った回数を x として，方程式を作りなさい。

② あいこの回数を求めなさい。

*73 ［食塩水に関する問題⑥］

A，B，C の 3 つのビーカーがある。A には 5% の食塩水が 56g，B には 10% の食塩水が 100g，C には 15% の食塩水が 70g 入っている。A，B，C から，それぞれ同量の食塩水を同時に取り出して，A から取り出した食塩水を B に，B から取り出した食塩水を C に，C から取り出した食塩水を A に入れてまぜ合わせる。このとき，次の問いに答えなさい。

(兵庫・白陵高)

(1) B と C の食塩水の濃度は等しくなることがない。その理由を簡単に答えなさい。

(2) A と C の食塩水の濃度は等しくなることがある。そのときの B の濃度を求めなさい。

74 [仕事に関する問題⑤]

A, B, Cの3つの容器にそれぞれ何Lか水が入っていて，合わせると9Lになる。以下のⅠ，Ⅱ，Ⅲの操作をこの順に1回行ったところ，A, B, Cの3つの容器に入っている水の量が等しくなった。このとき，次の問いに答えなさい。
(和歌山信愛女子短大附高)

操作Ⅰ：Aの容器に入っている水の3分の1の量をAの容器からBの容器に移す。

操作Ⅱ：Bの容器に入っている水の3分の1の量をBの容器からCの容器に移す。

操作Ⅲ：Cの容器に入っている水の3分の1の量をCの容器からAの容器に移す。

(1) 操作Ⅱの直後でCの容器に入っている水の量を求めなさい。

(2) 操作ⅢでCの容器からAの容器に移した水の量を求めなさい。

(3) 初めにAの容器に入っていた水の量を求めなさい。

75 [食塩水に関する問題⑦]

容器Aには濃度 x %の食塩水が100g入っている。容器Aから別の空の容器に50gを移し，それに濃度10%の食塩水50gを加えてよくかきまぜ，そこから50gを容器Aに戻して，よくかきまぜる，という操作をくり返し行う。
(城北埼玉高)

(1) 1回の操作後の容器Aの食塩水の濃度を x で表しなさい。

(2) 2回の操作後の容器Aの食塩水の濃度を x で表しなさい。

(3) 3回の操作後，Aの濃度は8.5%となった。x の値を分数で求めなさい。

着眼

74 (1) (容器から移した直後の量)$\times\dfrac{2}{3}=3$ となる。

(2) (容器から移した直後の量)$\times\dfrac{1}{3}$ を，次の容器へ移すこととなる。

75 各回の操作の後，容器Aの食塩水は100gになるから，この食塩水に含まれる食塩の量と濃度(%)は等しくなる。食塩の量に着目して考える。

第3回 実力テスト

時間 **45**分　合格点 **70**点

1 次の方程式を解きなさい。　(各5点×4)

(1) $3x-4-(5x-6)=2(2-3x)$　(大阪・箕面自由学園高)

(2) $1.2(2x-3)=2.7x+0.3$　(滋賀・比叡山高)

(3) $0.1x=0.3(x-2)+\dfrac{1}{2}$　(兵庫・神戸龍谷高)

(4) $\dfrac{2x+1}{5}-0.2(6x-5)=\dfrac{x-2}{2}-0.7(x-2)$　(大阪・関西大倉高)

2 1本30円の鉛筆と1本40円のサインペンと1本50円のボールペンが売られており，A君，B君は，それぞれいずれか1種類の商品を何本か買った。B君はA君の2倍の本数を買い，2人が支払った金額の差は350円であった。A君の買った商品とB君の買った商品の種類は同じであっても違っていてもかまわないとして，次の問いに答えなさい。

(京都・立命館高) ((1)10点　(2)完答10点)

(1) A君が鉛筆を買い，B君がボールペンを買ったとするとき，2人の買った本数はそれぞれ何本か求めなさい。

(2) A君，B君が買った商品の種類と本数は，(1)以外にどのような場合が考えられるか。A君，B君の商品の本数の組み合わせを(1)の場合を除いてすべて答えなさい。

3 ある時刻に家を出て駅に向かう人がいる。午前7時15分に駅に着きたい。いつも歩く一定の速さでは，5分遅れることになるので，歩く速さを$\dfrac{1}{4}$だけ増したら予定の時刻より3分早く着いた。家を出た時刻を求めなさい。

(東京電機大高) (10点)

4 1辺の長さが40mである正方形ABCDの辺の上を3点P，Q，Rがそれぞれ毎分10m，8m，6mの速さで移動している。P，Qは，A→B→C→D→A→…の順に，RはA→D→C→B→A→…の順に移動をくり返す。

(大阪教育大附高平野)（各10点×2）

(1) Pが点Aを，Qが点Cを同時に出発する。その後はじめてPとQが点Cを同時に通過するのは何分後ですか。

(2) PとRが点Aを同時に出発してから，次にPとRが他の頂点で再び出会うのは何分後ですか。またどの点で出会いますか。

5 水温によって溶ける量が変わる物質Aがある。この物質Aは水温が $20+x$(℃)のとき，$\dfrac{x}{2}$%の濃度まで溶けるが，それより高い濃度にはならずに溶けないまま残るという。いま，30℃の水475gに物質Aを45g加えてよくかきまぜた容器Ⅰと，60℃の水600gに物質Aを150g加えてよくかきまぜた容器Ⅱとがある。xの値は $0<x<80$ の範囲で考え，物質Aや容器などには熱はうばわれないものとするとき，次の問いに答えなさい。

(東京工業大附科学技術高)（各10点×3）

(1) 水温が30℃のとき，物質Aは何%の濃度まで溶けるかを求めなさい。

(2) 容器Ⅰに溶けないまま残っている物質Aは何gあるかを求めなさい。

(3) 容器Ⅰ，Ⅱから溶液の部分だけを，それぞれ200g，325g取り，別の容器Ⅲに移し，温度を40℃にしてよくかきまぜた。このとき，容器Ⅲの中に溶けずに残っている物質Aは何gあるかを求めなさい。

4　比例と反比例

解答　別冊 p.39

*__76__ [比例・反比例の式]　<頻出

(1) y は $x-2$ に比例し，$x=3$ のとき $y=4$ であった。$x=5$ のとき，y の値を求めなさい。　　　　　　　　　　　　　　　　　　　　　　　　　　　（奈良・帝塚山高）

(2) $y+1$ が $3-x$ に反比例し，$x=1$ のとき $y=3$ である。$x=\dfrac{5}{3}$ のとき，y の値を求めなさい。　　　　　　　　　　　　　　　　　　　　　　　　　（京都・洛南高）

(3) z は $x+1$ に比例し，y は x に反比例する。$y=1$ のとき $x=3$，$y=3$ のとき $z=4$ となる。$y=5$ のとき，z の値を求めなさい。　　　　　　（大阪・近畿大附高）

(4) z は x と y の積に比例し，$x=2$，$y=3$ のとき $z=2$ である。$x=3$，$y=6$ のとき，z の値を求めなさい。　　　　　　　　　　　　　　　　　（大阪・近畿大附高）

(5) $x+1$ は $y-2$ に比例し，$z-3$ に反比例する。また，$x=6$ のとき $y=1$，$z=5$ である。$y=3$ のときの z の値を求めなさい。　　　　　　　（大阪商大堺高）

*__77__ [変数と変域]　<頻出

(1) 関数 $y=\dfrac{6}{x}$ の x の変域が $a\leqq x\leqq 3$ のとき，y の変域は $b\leqq y\leqq 18$ である。a，b の値を求めなさい。　　　　　　　　　　　　　　　　　　　（大阪産大附高）

(2) 関数 $y=\dfrac{a}{x}$ について，x の変域が $2\leqq x\leqq 8$ のとき，y の変域は $p\leqq y\leqq 5$ である。p の値を求めなさい。　　　　　　　　　　　　　　　　　　　（大阪・相愛高）

(3) 関数 $y=\dfrac{a}{x}$（a は定数）について，x の変域が $1\leqq x\leqq 8$ のとき，y の変域は $\dfrac{1}{2}\leqq y\leqq b$ である。a，b の値を求めなさい。　　　　　（京都・平安女学院高）

**__78__ [反比例の関係]　<頻出

関数 $y=\dfrac{3}{x}$ のとき，x が 25% 増加すると，y は a% だけ減少するという。a の値を求めなさい。　　　　　　　　　　　　　　　　　　　　　　（大阪・近畿大附高）

★79 [対称な点の座標] ◁頻出

2点 A($a+1$, $b-1$), B($3a$, $-3b$) があるとき，次の問いに答えなさい。

(1) 2点 A，B が原点について対称になるとき，a, b の値を求めなさい。

(2) 点 A を右に 3，下に 4 だけ移動すると点 B に重なるとき，a, b の値を求めなさい。また，2点 A，B の座標を求めなさい。

★80 [比例・反比例のグラフ①] ◁頻出

右の図のように，反比例 $y=\dfrac{a}{x}$ ($a>0$) のグラフ上に点 P があり，点 P の x 座標は 4 である。また，x 軸上の点 (6, 0) を A，y 軸上の点 (0, 9) を B とする。△OAP と △OBP の面積が等しいとき，a の値を求めなさい。
(山形県)

★★81 [比例・反比例のグラフ②] ◁頻出

右の図は，直線 $y=\dfrac{2}{3}x$ と双曲線 $y=\dfrac{a}{x}$ ($x>0$) のグラフである。直線と双曲線の交点 A の y 座標は 2，双曲線上の点 B の x 座標は 6 である。次の問いに答えなさい。
(大阪・関西大一高)

(1) a の値を求めなさい。

(2) 点 P を x 軸上の正の部分にとる。△OAB の面積と △OAP の面積が等しくなるとき，点 P の x 座標を求めなさい。

着眼

78 $x=t$ のとき $y=\dfrac{3}{t}$，$x=1.25t$ のときの y の値を考える。

80 P の座標 $\left(4, \dfrac{a}{4}\right)$ を用いて，△OAP＝△OBP で方程式を作る。

81 (2) △OAB の面積を長方形を作って求める。

82 [比例・反比例のグラフ③] 頻出

右の図のように，反比例のグラフと比例のグラフが2点 P(6, 2)，Q で交わっている。また，x 軸上の点 A(a, 0)（ただし，$a>0$）を通り x 軸に垂直な直線が，比例のグラフと交わる点を B，反比例のグラフと交わる点を C とする。　（大阪・近畿大泉州高）

(1) Q の座標を求めなさい。
(2) 比例のグラフの式を求めなさい。
(3) 反比例のグラフの式を求めなさい。
(4) △OAB の面積 S を a の式で表しなさい。
(5) △OAB の面積が △OAC の面積の $\frac{1}{4}$ のとき，△OAB の面積を求めなさい。

83 [比例・反比例のグラフ④]

$xy=12$ のグラフ上に2点 A，B をとる。四角形 OBCA はひし形であり，点 A の x 座標は2である。
（東京・明治学院高）

(1) 点 B の座標を求めなさい。
(2) 点 C の座標を求めなさい。
(3) 四角形 OBCA の面積を求めなさい。

84 [比例・反比例のグラフ⑤] 頻出

右の図のように，$y=-\frac{4}{3}x$ と $y=\frac{a}{x}$ のグラフがあり，これらの交点を A と B とする。

また，$y=\frac{a}{x}$ のグラフ上に点 C があり，点 A と点 C を結んだ直線と y 軸との交点を D とする。

点 A の x 座標が -3，点 C の y 座標が -6 であるとき，次の問いに答えなさい。　（東京・法政大高）

(1) 点 C の x 座標を求めなさい。
(2) △AOD の面積は，△ABC の面積の何倍か求めなさい。

85 [比例・反比例のグラフ⑥] <頻出

右の図のように，比例 $y=\dfrac{1}{2}x$ …①と，反比例 $y=\dfrac{4}{x}$ …②のグラフがある。また，ℓ は点 $(a, 0)$ を通り，y 軸に平行な直線であり，ℓ と①との交点を P，ℓ と②との交点を Q とし，y 軸上に点 S，R をとり，長方形 PQRS を作る。ただし，ℓ は①，②の交点より左側にあるとする。このとき，次の問いに答えなさい。

(1) 点 P，Q の座標を a を用いて表しなさい。
(2) 長方形 PQRS の面積を a を用いて表しなさい。
(3) 長方形 PQRS が正方形のとき，その正方形の面積を求めなさい。

86 [比例・反比例のグラフ⑦]

図のように，関数 $y=\dfrac{1}{2}x$ と，$y=\dfrac{12}{x}$ $(x>0)$ のグラフがある。2つのグラフの交点より左側で，$y=\dfrac{1}{2}x$ 上にある点 A から x 軸に垂線 AB を下ろす。また，A から x 軸に平行な直線を引き，$y=\dfrac{12}{x}$ のグラフとの交点を D，D から x 軸に垂線 DC を下ろすとき，次の問いに答えなさい。

(1) A の x 座標を $a\,(a>0)$ とするとき，D の座標を a を用いて表しなさい。
(2) 四角形 ABCD が正方形であるとき，その正方形の面積を求めなさい。

着眼
82 (4) B の x 座標も a であることから，OA，AB の長さを a で表す。
84 (2) 点 C を通り，y 軸に平行な直線で切って，△ABC の面積を求める。
85 (3) 長方形 PQRS が正方形であることから，PQ=PS となることを利用する。
86 (2) 四角形 ABCD が正方形であることから，AB=AD となることを利用する。

87 [座標平面上の図形①] 頻出

右の図のように，座標平面上に3点A(4, 6)，B(2, 2)，C(8, 2)がある。これについて，次の問いに答えなさい。

(1) 点Dをとり，平行四辺形ABCDを作るとき，点Dの座標を求めなさい。
(2) 原点Oを通る直線 $y=ax$ ($a \neq 0$, a は定数)が，平行四辺形ABCDと共有点をもつような a の値の範囲を求めなさい。
(3) 原点Oを通る直線 $y=ax$ ($a \neq 0$, a は定数)が，平行四辺形ABCDの面積を2等分するような a の値を求めなさい。

88 [座標平面上の図形②]

右の図のように，x の変域を $x>0$ とする関数 $y=\dfrac{1}{x}$ のグラフ上に点Aがある。点Aから x 軸に垂線AB，y 軸に垂線ACを引く。このとき，長方形ACOBを，y 軸を軸として1回転させてできる立体の側面積は 2π となる。このわけを，点Aの x 座標を a として，a を使った式を用いて説明しなさい。ただし，π は円周率とする。

(広島県)

89 [格子点①] 頻出

x 座標，y 座標がともに整数である点を格子点という。

曲線 $y=\dfrac{6}{x}$ と2直線 $y=6x$，$y=\dfrac{1}{6}x$ とで囲まれた図形の周上および内部の格子点について，次の問いに答えなさい。

(大阪女学院高)

(1) y 座標が -2 である格子点は何個あるか答えなさい。
(2) 格子点は全部で何個あるか答えなさい。

90 [格子点②]

用紙を図のように，マス目に区切り座標軸を定める。自然数 m, n について，2点 O(0, 0)，P(m, n) を結ぶ線分が通過するマス目の数を N とするとき，次の各場合の N の値を求めなさい。ただし，頂点だけを通過するマス目は数えないものとする。

〈例〉 $m=2$, $n=4$ のとき，$N=4$

(1) $m=4$, $n=7$ のとき，$N=\boxed{}$

(2) $m=6$, $n=14$ のとき，$N=\boxed{}$

(3) $m=80$, $n=112$ のとき，$N=\boxed{}$

（大阪教育大附高池田）

91 [格子点③]

右の図は，$y=\dfrac{12}{x}$ $(x>0)$ のグラフである。このグラフ上に2点 A(2, 6)，B(6, 2) をとる。このグラフと直線 OA，OB で囲まれたかげの部分にある点のうち，x 座標と y 座標がともに整数となる点はいくつあるか答えなさい。ただし，このグラフや直線 OA，OB 上の点も数えるものとする。

着眼

87 (3) 平行四辺形の面積を2等分する直線は**対角線の交点を通る**。

88 $A\left(a, \dfrac{1}{a}\right)$ より，回転させてできる立体の底面は，半径 a の円であり，立体の高さは $\dfrac{1}{a}$ である。

90 m と n の最大公約数を g とし，$m'=m\div g$，$n'=n\div g$ として，m', n' に対する N の値を求める。

*92 [比例・反比例の応用①] <頻出

右の図は,$y=\dfrac{1}{2}x$,$y=2x$ のグラフで,点 P は $y=\dfrac{1}{2}x$ のグラフ上の点である。点 P から y 軸,x 軸にそれぞれ平行な直線を引き,$y=2x$ のグラフとの交点を Q,R とする。このとき,次の問いに答えなさい。

(大阪女子高)

(1) 点 P の x 座標が 4 のとき,点 Q の y 座標を求めなさい。

(2) 点 P の x 座標が 10 のとき,PQ の長さを求めなさい。

(3) PQ の長さが 12 になるときの点 P の x 座標(ただし,x は正の数)を求めなさい。

(4) 点 P の x 座標が 6 のとき,△QRP の面積を求めなさい。

**93 [比例・反比例の応用②]

右の図で,点 O は原点,曲線 ℓ は $y=\dfrac{18}{x}$ のグラフ,曲線 m は $y=-\dfrac{12}{x}$ のグラフを表している。

曲線 ℓ 上にあり,x 座標が正の数である点を P とする。

曲線 m 上にあり,x 座標が負の数である点を Q とする。

2 点 P,Q の y 座標は等しい。

点 P の x 座標と y 座標,点 Q の x 座標と y 座標がすべて整数であるとき,点 P の座標をすべて求めなさい。

(都立日比谷高)

着眼

93 点 P と点 Q の y 座標が等しいことより,12 と 18 の公約数を考える。

94 [比例・反比例の応用③]

図1，図2において，①は $y=\dfrac{a}{x}$，②は $y=\dfrac{b}{x}$ で表される反比例のグラフである。ただし，$x>0$ とする。

図1において，A(6, 3) は①上の点であり，Bは②の上にある。HとKはそれぞれ x 軸，y 軸上にあり，四角形 OHBK は面積が7の長方形となっている。次の□をうめなさい。　　　　（茨城・土浦日本大高）

(1) $a=$ ア ，$b=$ イ である。

(2) 図2において，y 軸に平行で点 (1, 0) を通る直線 ℓ は，①と C，②と D で交わっている。またDを通り x 軸と平行な直線 m が①とEで交わっている。このとき，DE＝ ウ である。

(3) (2)のとき，①上に点 P(p, q) をとり，△CDP の面積を S とするとき，p, q, S がすべて整数であるような点Pは エ 個である。

95 [比例・反比例の応用④]

右の図で原点Oと点Bを通る直線の式は，$y=5x$ であり，点Aの座標は (12, 0)，点Bの x 座標は2である。

いま，線分 AB 上のある点 C(k, $-k+12$) と原点Oを通る直線が，三角形 OAB の面積を2等分するとする。

次の問いに答えなさい。

(1) 点Cの座標を求めなさい。
(2) 原点Oと点Cを通る直線の式を求めなさい。

着眼
94 (3) $p-1$ が偶数となる。

96 [比例・反比例の総合問題①]

右の図のように，3点 A(-2, 7), B(-4, -10), C(5, 4)を頂点とする三角形がある。次の問いに答えなさい。

(1) 三角形 ABC を右へ3だけ移動した三角形をLMN とするとき，頂点 L, M, N の座標を求めなさい。

(2) 三角形 ABC を下へ5だけ移動した三角形を PQR とするとき，頂点 P, Q, R の座標を求めなさい。

(3) 三角形 ABC の面積を求めなさい。

(4) AB, AC を2辺とする平行四辺形 ABDC の頂点 D の座標を求めなさい。

(5) 平行四辺形 ABDC の面積を点 D の座標を使って求めなさい。

(6) 平行四辺形 ABDC の面積を点 D の座標を使わずに求めなさい。

97 [比例・反比例の総合問題②]

愛子さんは，家から2000m 離れた学校に，徒歩で通っている。ある日，家を出てから6分間歩いたところで忘れ物をしたことに気がついて，すぐに家に戻り，2分間家にいて，再び学校に向かった。予定の時刻に学校に着くためには，分速何 m の速さで歩かなければならないか。ただし，はじめの速さは，上のグラフから読みとり，この速さで学校まで歩いて行く予定だったとする。(グラフの縦軸には，家からの距離，横軸には，はじめに家を出てからの時間がとってある。)

また，忘れ物に気づいてから学校に着くまでは，同じ速さで歩くものとする。このときのようすをグラフにかき込み，グラフを完成させなさい。

(東京・お茶の水女子大附高)

着眼
96 (3) 座標軸に平行な直線を引いて長方形を作る。
97 はじめは，6分で400m 進む速さで歩いている。

98 [比例・反比例の総合問題③]

右の図で，直線アは，$y=4x(x\geqq 0)$ のグラフであり，曲線イは，$y=\dfrac{16}{x}(x>0)$ のグラフである。これについて，次の問いに答えなさい。

(1) 直線アは，点 $(a, 12)$ を通る。a の値を求めなさい。

(2) $y=\dfrac{16}{x}$ において，x の変域が $1\leqq x\leqq k$ のとき，y の変域は $2\leqq y\leqq l$ になるという。k と l の値を求めなさい。

(3) 点Lは，はじめ直線ア上を O からア，イの交点 A(2, 8) まで進み，次に点 A から曲線イ上を矢印の方向に動くものとする。いま，点 L から x 軸に垂線 LT を引き，点 T の x 座標を t とし，三角形 LOT の面積を S とする。
① $0\leqq t\leqq 2$ のとき，S を t の式で表しなさい。
② $t>2$ のとき，S の値を求めなさい。

99 [比例・反比例の総合問題④]

右の図で，直線 ℓ は $y=ax$，直線 m は $y=\dfrac{1}{a}x$ を表している。直線 ℓ 上の点 A から，x 軸の正の方向に 1 だけ平行移動した点を D とする。点 D を通り，y 軸に平行な直線が m と交わる点を C とし，AD，DC を 2 辺とする長方形 ABCD を図のように作る。いま，直線 m が点 E(6, 3) を通るとして，次の問いに答えなさい。 (福井県 改)

(1) a の値を求めなさい。
(2) 頂点 A の y 座標が 6 であるとき，頂点 C の座標を求めなさい。
(3) 頂点 D の y 座標が 10 であるとき，頂点 B の座標を求めなさい。
(4) 長方形 ABCD が正方形になるとき，点 D の座標を求めなさい。
(5) 長方形 ABCD について，2 辺 AB，AD の長さの比が 2:1 となるときの点 A の座標を求めなさい。

着眼

98 (3) $S=\dfrac{1}{2}\times \text{OT}\times \text{TL}$

99 (5) AD=1 より，AB=2 である。A の x 座標を k とおいて，他の B, C, D の座標を k で表してみる。

第4回 実力テスト

時間 40分　合格点 70点

1 次の問いに答えなさい。 (各9点×4)

(1) $y+1$ は $x+3$ に比例し，$x=\dfrac{1}{2}$ のとき $y=10$ である。$y=7$ のとき，x の値を求めなさい。

(2) $y-1$ が $2x+1$ に比例し，$x=1$ のとき $y=3$ である。このとき，y を x の式で表しなさい。

(3) $y-2$ が $x+1$ に反比例し，$x=3$ のとき $y=-2$ である。$x=-2$ のとき，y の値を求めなさい。

(4) $y-1$ は $x+1$ に比例し，z は $y-2$ に反比例している。$x=1$ のとき $y=5$，$y=-1$ のとき $z=-3$ であるという。$x=3$ のとき，z の値を求めなさい。

2 ある学級の人数は36人で，1年間の授業日数は240日であるという。この学級において，年12回の全員の大掃除の日を除いて，毎日の掃除当番の数が等しく，かつ，各生徒の1年間における当番回数を等しくなるように定めたい。
　このとき，次の問いに答えなさい。 (埼玉県) (各8点×2)

(1) 毎日の当番を x 人とし，各生徒の1年間の当番回数を y 回とするとき，y を x の式で表しなさい。

(2) 1日の当番人数を5人以上で，10人以下とするとき，毎日の当番人数を決めなさい。

3 図において，曲線①は，$y=\dfrac{a}{x}$ で表される関数のグラフである。点 P および Q は曲線①上の点で，x 座標は，2 および 3 であり，y 座標の差は 1 であるという。このとき，次の問いに答えなさい。

（茨城・土浦日本大高）（各8点×3）

(1) a の値を求めなさい。

(2) 点 P の座標を求めなさい。

(3) $y=bx$（b は定数）が，線分 PQ と交わるときの b の値の範囲を求めなさい。

4 右の図は，反比例 $y=\dfrac{a}{x}$ のグラフである。このグラフが点 $A\left(24, \dfrac{1}{2}\right)$ を通るとき，次の問いに答えなさい。

（各8点×3）

(1) a の値を求めなさい。

(2) このグラフ上の点で，x 座標，y 座標の値がともに正の整数となる点はいくつありますか。

(3) このグラフ上の点 P から x 軸に垂線 PQ，y 軸に垂線 PR を引き，点 Q の x 座標を t，△PRQ の面積を S とする。

点 P が，図の点 B からグラフ上を矢印（--→）の方向に点 A まで進むとき，t と S の関係を表すグラフの形を次のア～オの中から1つ選び，記号で答えなさい。

58

5　平面図形

解答 別冊 p. 51

***100** [直線・線分・半直線]　＜頻出

次の問いに答えなさい。

(1) 直線 ℓ を図のように 4 回切断した。線分，半直線はそれぞれいくつできたか答えなさい。

―――+―――+―――+―――+―――ℓ

(2) 右の図のように，線分 AB の長さを 2 等分する点を M とする。このとき，次の □ に適する数やことばを入れなさい。

　(ア)　点 M を線分 AB の □ という。
　(イ)　AM＝BM＝ □ AB
　(ウ)　AB＝ □ AM

***101** [直線・線分・角]　＜頻出

次の各文の □ に適することばや記号を答えなさい。

(1) ①　2 点を通る □ は，ただ 1 本である。
　　②　2 点 A，B を結ぶ線のうち，最も短いのは，□ AB である。
(2) ①　2 つの直線が交わるときには □ ができる。
　　②　3 つの点 A，B，C をとり，A を端の点とする半直線 AB と半直線 AC をかく。このようにしてできる角を記号で □ と書く。

着眼

100 (1) 2 点 A，B を通る直線のうち，点 A から点 B までの部分を**線分 AB** という。また，1 点を端の点として他方に限りなくのびている直線の部分を**半直線**という。

*102 [2直線の位置関係] <頻出>

次の問いに答えなさい。

(1) 右の図は，3つの直線が1つの点で交わったときのようすを示している。このとき，次のそれぞれの角の大きさを求めなさい。
① ∠a　② ∠b　③ ∠c　④ ∠d

(2) 直線 ℓ と，その直線上にない1点Pがある。点Pを通る直線 m の引き方について述べた次の各文の □ に適することばや数，記号を書きなさい。
① ℓ と交わらない直線 m は，ただ □ 本引ける。
このとき，ℓ と m は，□ であるといい，ℓ □ m と書く。
② ℓ と m が交わるとき，その交点をQとする。
∠Qが直角のとき，ℓ と m は，□ であるといい，ℓ □ m と書く。また，このような直線 m を ℓ の □ という。
③ ②で，線分PQの長さを，点Pと直線 ℓ との □ という。

*103 [三角形が決まる条件] <頻出>

次の(1)～(6)について，三角形 ABC がただ1通りに決まるのはどの場合か。番号で答えなさい。

(1) AB＝4cm，BC＝3cm，CA＝2cm
(2) AB＝5cm，BC＝6cm，∠B＝45°
(3) AB＝7cm，CA＝9cm，∠C＝30°
(4) BC＝3cm，∠B＝60°，∠C＝20°
(5) CA＝6cm，∠A＝70°，∠B＝30°
(6) 底辺 BC＝5cm，頂角 A＝30°の二等辺三角形

(着眼)
103 三角形が1通りに決まるのは，次の場合である。
　(ア) 3辺の長さが決まっているとき。
　(イ) 2辺の長さと，その間の角の大きさが決まっているとき。
　(ウ) 1辺の長さと，その両端の角の大きさが決まっているとき。

5 平面図形

*104 [平行移動] 〈頻出〉

右の図は，直角三角形 ABC を A′B′C′ の位置まで平行移動したものである。次の問いに答えなさい。

(1) AB と平行な線分を求めなさい。
(2) A′B′ と垂直な線分を求めなさい。
(3) ∠ABC と大きさの等しい角はどれか答えなさい。

*105 [回転移動] 〈頻出〉

右の図で，曲線 AD，BF は O を中心とする円弧で，∠AOB，∠BOE，∠EOF は，どれも 20° である。

線分 AB を O を中心として回転移動して重なるのは，どの線分か答えなさい。また，それは何度回転したときか答えなさい。

*106 [対称移動] 〈頻出〉

右の図で，三角形 A′B′C′ は，三角形 ABC を直線 ℓ について対称移動したものである。

次の問いに答えなさい。

(1) 直線 ℓ 上の点を P とするとき，P の位置に関係なく，PA=PA′ であることを説明しなさい。
(2) 次の図形のうちで，線対称な図形を選びなさい。
　　(ア) 正三角形　(イ) 長方形　(ウ) 平行四辺形　(エ) 円

着眼
104 平行移動では，対応する点を結ぶ線分は平行で，その長さは等しい。
105 回転移動では，対応する点は，回転の中心から等しい距離にある。また，対応する点と中心を結んでできる角の大きさはすべて等しい。
106 対称移動では，対称の軸は，対応する点を結ぶ線分の垂直二等分線である。

*107 [中心角と弧・弦の長さ] ◀頻出

次の□に適するものを入れなさい。

(1) 円 O の周上に，∠AOB＝∠COD となるように，4点 A，B，C，D をとる。
　　いま，おうぎ形 OAB を，O を中心として回転し，半径 OB を，おうぎ形 OCD の半径 OD と重ねると，∠AOB＝∠COD だから，半径 OA も半径 OC に重なる。したがって，□＝□，弦□＝弦□ となる。
　　この結果をまとめて，次のようにいうことができる。
　　「1つの円で，等しい□に対する弧の長さは等しく，弦の長さも□。」

(2) 右の図で，∠AOB＝∠BOC＝∠COD＝∠DOE である。このとき，中心角が等しいから，
　　　　□＝□＝□＝□
　　したがって，中心角の大きさを2倍，3倍，4倍に変えたとき，弧の長さも□倍，□倍，□倍になる。この結果を次のようにいうことができる。
　　「1つの円で，弧の長さは中心角の大きさに□する。」

(3) 1つの円で，弦の長さは中心角の大きさに比例するといえるか。上の図を用いて，その理由も説明しなさい。

*108 [2点から等距離にある点] ◀頻出

右の図のように2点 A，B が与えられている。A，B を通る円の中心を O とするとき，中心 O は，どんな直線上に並ぶか答えなさい。

*109 [角の2辺から等距離にある点] ◀頻出

右の図で，点 P が ∠XOY 内にあって，P から OX までの距離が P から OY までの距離より小さくなるとき，点 P はどのような位置にあるか。
境界線を作図し，点 P のとりうる範囲を斜線で示しなさい。

5 平面図形

※以下，作図の問題については，コンパスまたは定規を用いて作図しなさい。その際，作図に用いた線は消さないで残しておきなさい。
また，円周率を用いる問題については，円周率を π として答えなさい。

*110 [円の作図] <頻出

次の問いに答えなさい。

(1) 右の図のように，2点 X, Y と直線 ℓ がある。中心 O が ℓ 上にあり，2点 X, Y を通る円をかきたい。そのとき，中心 O を作図によって求め，O を記入しなさい。 (大阪・精華高)

(2) 右の図のように，∠XOY と線分 OY 上の点 A があるとき，中心が ∠XOY の二等分線上にあり，線分 OY と点 A で接する円を作図しなさい。 (三重県)

(3) 右の図で，2点 A, B は，直線 ℓ 上の点であり，半円 O は，線分 AB を直径とする半円である。中心 O を通る直線を m とし，直線 m と半円 O との交点を P とする。
　　ただし，∠POB は鋭角とする。
　　右の図をもとにして，点 P における半円 O の接線と，線分 OP 上に中心があり半円 O と線分 OB に接する円を作図しなさい。 (都立国立高)

着眼
110 (2) 中心と接点を結ぶ線分は，接線に垂直である。

5 平面図形 — 63

＊111 ［角度の作図］ ＜頻出

次の問いに答えなさい。

(1) 右の図は，中心角が 160° のおうぎ形 OAB である。$\stackrel{\frown}{AB}$ 上に，∠AOP＝35° となる点 P を作図しなさい。

(都立白鷗高)

(2) 右の図は，線分 AB を直径とする半円 O を表している。∠AOP＝105° となる $\stackrel{\frown}{AB}$ 上の点を P とする。
図に示した半円 O をもとにして，点 P を作図によって求めなさい。

(都立立川高)

＊＊112 ［折り返しの作図］ ＜頻出

次の問いに答えなさい。

(1) 右の図は線対称な図形である。この図形の対称の軸を作図しなさい。

(栃木県)

(難)(2) 右の図は，$\stackrel{\frown}{AB}$ と 2 点 A，B を通る直線を ℓ とした場合を表している。
$\stackrel{\frown}{AB}$ を直線 ℓ で折り返してできる弧を作図しなさい。

(都立青山高)

(3) 図1のような平行四辺形 ABCD がある。この平行四辺形を図2のように，頂点 B が頂点 D に重なるように2つに折ったときにできる折り目 PQ を作図しなさい。

(栃木県)

着眼
112 (2) まず，$\stackrel{\frown}{AB}$ を含む円の中心を作図する。

*113 [いろいろな作図①]

右の図のように，直線 ℓ と ℓ 上にない点 A がある。点 A を１つの頂点とし，対角線の１つが直線 ℓ 上にある正方形を作図しなさい。　　　　　　　　　　（千葉県）

*114 [いろいろな作図②]

右の図の △ABC について，辺 BC 上の点 P を通り，△ABC の面積を２等分する直線を作図しなさい。

ただし，平行線の作図は，三角定規２枚を用いて作図してよい。　　　　（千葉・渋谷教育学園幕張高）

*115 [いろいろな作図③]

図１の △ABC は，AB＝AC＝a cm，BC＝b cm の二等辺三角形である。図２のように，この三角形を折って，辺 BC が辺 BA と重なるようにしたい。このとき，折り目となる線分を BD とする。

次の問いに答えなさい。　　　　　　　　　　（山口県）

(1) 折り目となる線分 BD を図１に作図しなさい。

(2) 図３は，折り目 BD で △ABC を折ったものであり，点 C が辺 AB 上で重なる点を E とする。

このとき，△AED の３辺の長さの和を，a，b を使って表しなさい。

着眼

113 点 A から直線 ℓ に下ろした垂線上に，もう１つの対角線がある。

114 三角形の面積は，頂点とその頂点の対辺の中点を通る直線で２等分されることを利用する。

★★★116 [いろいろな作図④]

右の図1のように，平面上に3辺 PQ，QR，RS からなる枠がある。辺 PQ，QR は固定されているが，線分 RP と長さの等しい辺 RS は，点 R を中心として動かすことができる。

いま，この枠の中で球を転がして枠に反射させ，球が転がっていくようすを観察することにする。

球は枠に衝突する前も衝突した後も，まっすぐに転がる。また，右の図2のように，点 A から辺 PQ 上の点 X をめがけて球を転がすと，球は，∠PXA＝∠QXA′ となるように，反射して転がっていく。

このとき，次の問いに答えなさい。　　　　　　(広島大附高)

(1) 右の図3において，点 A から球を転がして辺 PQ 上の点に衝突させた後，点 B を通過させたい。
球が点 A から点 B まで転がったあとを，図3に作図しなさい。

(2) 右の図4において，枠は2点 P，S が重なって三角形になっている。このとき，点 A から球を転がして辺 PQ，QR，RP の順に衝突させて反射させ，再び点 A を通過するようにしたい。球が点 A から辺 PQ，QR，RP に，それぞれ衝突して点 A まで転がったあとを，図4に作図しなさい。

(3) 右の図5において，点 A から球を転がして辺 PQ 上の点 C に衝突させ，その後，辺 QR，RS に衝突させて反射させ，再び点 A を通過するように辺 RS の位置を図6に作図しなさい。

着眼
116 (1) 直線 PQ について，点 A と対称な点 L をとり，LB と PQ の交点を T とすると　∠ATP＝∠LTP＝∠BTQ

117 [いろいろな作図⑤]

正方形からある部分を切り取って，面積が最も大きい正八角形を作る。

図1の正方形 ABCD で，辺 BC を辺 AD に重なるように折り，図2のような長方形 AEFD を作る。次に，図2の長方形 AEFD で，辺 DF を辺 AE に重なるように折り，図3のような正方形 AEGH を作る。

図3の正方形 AEGH に切り取り線を引き，その線にそって切り取って開くとき，図4の正八角形ができるためには，どのように切り取ればよいか。図3の正方形 AEGH に，その切り取り線を作図しなさい。

図1　　　図2　　　図3　　　図4　　　　　　　　　　（埼玉県）

118 [おうぎ形の面積] 〈頻出〉

次の問いに答えなさい。

(1) 右の図のように，半径 10 cm の円 O の周上に 2 点 A, B があり，$\overparen{AB}$ の短い方の長さが 8π cm である。このとき，かげの部分の面積を求めなさい。　（国立工業高専）

(2) 右の図のように，中心角が等しい 3 つのおうぎ形が重なっている。おうぎ形 OAB は半径が 10，$\overparen{AB}$ の長さが 6π である。点 C, D が線分 OA を 3 等分しているとき，かげの部分の面積を求めなさい。
（栃木・作新学院高）

(3) おうぎ形と半円からなる右の図において，かげの部分の面積を求めなさい。　（大阪桐蔭高）

(4) △ABC は 1 辺の長さが 2 の正三角形で，M は辺 AC の中点である。この正三角形を点 A を中心に図のように回転させ，B, C, M がそれぞれ，B′, C′, M′ になった。このとき，C, A, B′ は一直線上に並んでいるものとする。このとき，図のかげの部分の面積を求めなさい。　（大阪信愛女学院高）

★★ 119 [おうぎ形の面積と弧の長さ①] <頻出

次の問いに答えなさい。

(1) 右の図のように，おうぎ形 OAB とおうぎ形 OCD がある。点 A は線分 OD 上にあり，3 点 B, O, C は一直線上にある。$\stackrel{\frown}{AB}$ の長さが 2π cm，OB＝8cm，OC＝12cm のとき，$\stackrel{\frown}{CD}$ の長さを求めなさい。(広島県)

(2) 直角三角形 EDC は，直角三角形 ABC を点 C を中心として回転させたものである。点 B, C, E は同一直線上にあり，BC＝2cm，∠BAC＝45°である。このとき，かげの部分の面積を求めなさい。(新潟明訓高)

(3) 1 辺の長さが 3m の正三角形の土地がある。頂点 A, B, C にくいを立ててロープを巻きつけていくと，その端が A にきた。ロープを引っぱりながらほどいていくと，ロープの端は右の図のような曲線をかいていく。このとき，次の問いに答えなさい。ただし，ロープの太さは考えないものとする。
① 曲線 APQR の長さを求めなさい。
② かげの部分の土地の面積を求めなさい。

(大阪・羽衣学園高)

着眼
119 (1) ∠AOB の大きさを求める。
(3) それぞれのおうぎ形の中心角はすべて 120°である。

120 [おうぎ形の面積と弧の長さ②]

1辺の長さが2の正六角形ABCDEFがあり，頂点Bを中心とする半径BAの弧AG，頂点Cを中心とする半径CGの弧GH，頂点Dを中心とする半径DHの弧HI，頂点Eを中心とする半径EIの弧IJ，頂点Fを中心とする半径FJの弧JK，頂点Aを中心とする半径AKの弧KLを結んで，うず巻き線AGHIJKLをかくとき，次の問いに答えなさい。ただし，点G，H，I，J，K，Lはそれぞれ辺CB，DC，ED，FE，AF，BAの延長線上にある。

(大阪女学院高)

(1) うず巻き線AGHIJKLの長さ ℓ を求めなさい。
(2) おうぎ形BAG，おうぎ形CGH，おうぎ形DHI，おうぎ形EIJ，おうぎ形FJK，おうぎ形AKLの面積の和 S を求めなさい。

121 [おうぎ形の面積と角度] ◁頻出

右の図は，点Oを中心とし，線分ABを直径とする半円と，点Oを中心とし，線分CDを直径とする半円が上下に並んだものである。また，5つの点A，C，O，D，Bは，同一直線上にあり，AC=CO=OD=DBである。

いま，点Oを通る直線 ℓ でこのかげの図形を2つに分けるとき，点Aを含む図形の面積と点Bを含む図形の面積の比が，11:9であった。

このとき，直線 ℓ と線分ABでつくる $\angle x$ の大きさを求めなさい。

(千葉・渋谷教育学園幕張高)

着眼
121 AC=CO=OD=DB=a とし，それぞれの面積を a と x を用いて表す。

122 ［いろいろな面積①］ < 頻出

次の問いに答えなさい。

(1) 図のように平行な2つの直線に接する直径8cmの2つの円がある。図のかげの部分（2つの直線と2つの弧で囲まれた部分）の面積を求めなさい。　（愛知高）

(2) 右の図のように，半径12cmで中心角90°のおうぎ形に，縦6cm，横12cmの長方形が重なっている。図のかげ（■）をつけた部分アとイの面積の差（ア－イ）を求めなさい。　（埼玉県）

(3) 図のように，1辺が10cmの正方形の頂点と各辺の中点を結んでできた四角形ABCDの面積を求めなさい。また，考え方も記入しなさい。（必要であれば図に記号をつけて説明しなさい。）　（宮城・東北学院高）

(4) 右の図のような1辺の長さが2cmの正方形ABCDがある。弧BCは辺BCを直径とする半円，弧BDは点Aが中心で半径ABの4分の1円である。

　点Eは2つの円弧の交点，点Mは辺BCの中点である。∠MAB＝$a°$として次の問いに答えなさい。　（京都教育大附高）

① かげの部分の面積Sの求め方を述べなさい。
② Sをaを用いて表しなさい。

着眼
122 (2) かげのついていない部分に着目する。
　　　(4) △AEMと△ABMに着目する。

123 [いろいろな面積②]

図のような1辺の長さが5cmの正方形ABCDがある。点E, Fはそれぞれ辺BC, CDの中点とする。このとき，かげの部分の面積を求めなさい。

ただし，図の曲線はそれぞれ点B, E, Fを中心とした円の一部である。

(神奈川・山手学院高)

124 [図形の移動と長さ・面積①] ◀頻出

次の問いに答えなさい。

(1) 右の図のように，平面上に固定された1辺2cmの正三角形ABCがある。点Aに長さ6cmのひもの端をとりつけた。今，ひもと辺CAが一直線上になる位置から矢印の向きにたるまないようにひもを正三角形ABCに巻きつけた。このとき，ひもが通った部分の面積を求めなさい。

(大阪・常翔学園高)

(2) 右の図のように，1辺の長さが4の正三角形ABCの外側に半径1の円Oが接している。円Oは△ABCと離れることなく辺上を転がって1周すると，塗りつぶした部分を通過することになる。塗りつぶした部分の面積を求めなさい。

(栃木・作新学院高)

(3) 右の図のように，半径1cmの円の内部に1辺の長さが1cmの正三角形を置く。この正三角形をすべることなく円の内部を矢印の方向に転がす。正三角形がもとの位置に戻るまでに，点Pが動いた長さを求めなさい。

(東京・巣鴨高)

着眼
123 かげの部分を移動して，面積を求めやすい形にする。

125 [図形の移動と長さ・面積②]

長さが20cmの線分ABを直径とする円Oがあり,円の中はすべて白色である。

点Pは点Aから出発し,一定の速さで円周上を時計回りに動き続け,1周するのに30秒かかる。点Qは点Pと同時に点Bから出発し,一定の速さで円周上を時計回りに動き続け,1周するのに60秒かかる。

2点P,Qの移動にともない,線分OP,線分OQが円の中の白色部分を通過すると通過した後は黒色に変わり,円の中の黒色の部分を通過すると通過した後は白色に変わるものとする。

〈例〉

図1　　　　　図2

点Pが出発してから10秒後には図1のようになり,20秒後は図2のようになる。

このとき,次の問いに答えなさい。

(神奈川県立平塚江南高)

(1) 点Pが出発してから5秒後のとき,円Oにおける黒色部分の面積を求めなさい。

(2) 初めて点Pが点Qに追いつくのは,点Pが出発してから何秒後かを求めなさい。

(3) 点Pが出発して15秒後から30秒後までの間で,円Oにおける黒色の部分の面積が$70\pi \text{ cm}^2$となるのは,点Pが出発してから何秒後かを求めなさい。

着眼

125 (3) 15秒後から30秒後までの間の黒色の部分は,上半分の半円とおうぎ形OPQの部分である。

126 [図形の回転と長さ・面積①]

中心角 60°, 半径 r のおうぎ形 OAB を, 点 O を中心に時計回りに 30° 回転し, 点 A を点 A′ に, 点 B を点 B′ に移動する。次に, おうぎ形 OA′B′ を点 A′ 中心に反時計回りに 30° 回転し, 点 B′ を点 B″ に, 点 O を点 O′ に移動する。このとき, 次の問いに答えなさい。

(高知・土佐塾高)

(1) $\overparen{B'B''}$ の長さを求めなさい。
(2) 半径 OA が O′A′ まで動いた部分の面積を求めなさい。
(3) $\overparen{A'B'}$ が動いた部分の面積を求めなさい。
(4) △A′B′B″ の面積を求めなさい。

127 [図形の回転と長さ・面積②] 頻出

(1) 半径 2, 中心角 45° のおうぎ形が図のように直線 ℓ 上をすべることなく 1 回転するとき, おうぎ形の中心 A の移動した長さを求めなさい。

(神奈川・山手学院高)

(2) 図のように, 半径 4cm, 中心角 90° のおうぎ形が直線 ℓ 上に置いてある。このおうぎ形を右回りに, 直線 ℓ 上をすべることなく 1 回転させたとき, 点 O の移動した長さを求めなさい。

(國學院大栃木高)

(3) 図のように半径が 3cm, 中心角が 120° のおうぎ形 OAB が直線 ℓ 上をすべることなく転がり, 図あの位置から図いの位置まで移動した。このとき, 次の問いに答えなさい。

(静岡学園高)

① おうぎ形の中心 O が描く線の長さを求めなさい。
② 中心 O が描く線と直線 ℓ とで囲まれた部分の面積を求めなさい。

128 [図形の移動と長さ・面積③]

図のように，$AB=4\pi$，$AC=3\pi$，$BC=5\pi$ の直角三角形 ABC がある。

半径 1 の円 O は，辺 AB 上の点 D で，△ABC と接している。

さらに，円 O の周上に点 P がある。円 O はすべらないように回転し，△ABC のまわりを辺にそって 1 周する。次の ☐ に適当な数値をうめなさい。

(福岡・西南学院高)

(1) 点 P が △ABC の辺と接する回数は ☐ 回
(2) 円 O の中心が動いた長さは ☐
(3) 円 O が通過した部分の面積は ☐

129 [図形の移動とその形状]

半径 3 の大円と半径 1 の小円が，点 P で接した状態で，右の図のように置かれている。今，小円が大円の外側をすべることなく回転するとき，小円の円周上の点 P の描く図形は，次のうちどれか。選択肢の中から記号で答えなさい。

(広島・崇徳高)

[選択肢]

ア　イ　ウ

エ　オ

着眼
128 (1) 1 周するときに何回転するかを考える。

第5回 実力テスト

時間 30分
合格点 70点
得点 /100

解答 別冊 p.63

1 1辺が2cmの正方形の紙を右の図のように重ねた。10枚重ねたときにできる図形の面積を求めなさい。
（滋賀・近江兄弟社高）（10点）

2 右の図のような直線PQと曲線PAQで囲まれた土地があり，折れ線A−B−C−Dによって面積が2等分されている。この土地の面積をAを通る1本の直線で2等分するには，その直線をどのように引けばよいですか。その引き方を説明して図示しなさい。　（高知・土佐高）（10点）

3 右の図のように固定した正八角形の周に沿って巻きつけられた糸の端は頂点Pにある。この糸を点PからQRの延長にくるまで，たるまないように，ほぐしていく。次の問いに答えなさい。ただし，糸の太さや伸縮は考えないものとし，QS=16cm，円周率はπとする。
（大阪・関西大一高）（各10点×2）

(1) ∠PQRの大きさを求めなさい。
(2) 糸が通りすぎた平面の部分（図のかげの部分）の面積を求めなさい。

4 2本の対角線の長さが2と4であるひし形が2つある。この2つのひし形を右の図のように重ねたとき，重なっている部分の面積を求めなさい。
（奈良・西大和学園高）（10点）

5 図のように，半径1の2つの円O, O′が点Aで外接している。点Pは円Oの周上を一定の速さで，点Aから時計回りに1周18秒かけて回り，点Qは円O′の周上を一定の速さで，点Aから反時計回りに1周36秒かけて回る。2点P, Qが同時に点Aを出発するとき，次の問いに答えなさい。

（大阪・上宮高）（各10点×4）

(1) 出発してから5秒後の∠AOPの大きさを求めなさい。
(2) 出発してから8秒後の∠PAQの大きさを求めなさい。
(3) 出発してから初めて∠PAQ＝90°となるのは出発してから何秒後ですか。
(4) 出発してから初めて∠PAQ＝180°となるのは出発してから何秒後ですか。

6 右の図のように，1辺の長さが4の正方形ABCDの中に，半径1の円が2つある。この2つの円が正方形の内部を重ならないように自由に動き回るとき，2つの円の中心点が通過する範囲を[選択肢]ア〜オの中から選びなさい。

（広島・崇徳高）（10点）

[選択肢] 注：塗りつぶした部分が，通過部分を表すものとする。

6 空間図形

解答 別冊 p. 66

*130 ［平面の決定］ ◀頻出

次の問いに答えなさい。

(1) 次の直線や点を含む平面が，ただ1つに決まるものを選びなさい。
　(ア) 交わる2直線　　　　　　　(イ) 平行な2直線
　(ウ) 1直線とその上にない1点　(エ) 1直線上にない3点
　(オ) 1直線上にない4点

(2) 三角錐の頂点となる4つの点A，B，C，Dがあるとき，これらの点のうちのいくつかで決まる平面はいくつあるか答えなさい。

*131 ［空間内の直線の位置関係］ ◀頻出

次の問いに答えなさい。

(1) 右の三角柱で，ADと次のような関係にある辺を答えなさい。
　① 平行な辺
　② 垂直に交わる辺
　③ ねじれの位置にある辺

(2) 空間内にある3つの直線 ℓ, m, n について，次のうち，つねに成り立つものを選びなさい。
　(ア) $\ell /\!/ m$, $m /\!/ n$ ならば $\ell /\!/ n$
　(イ) $\ell \perp m$, $m \perp n$ ならば $\ell \perp n$
　(ウ) $\ell \perp m$, $m \perp n$ ならば $\ell /\!/ n$

着眼

130 2点A, Bを通る平面(直線ABを含む平面)は，いくらでもあるが，そのうちで，直線AB外の1点Cを通る平面は，ただ1つしかない。また，1直線上にない3点を通る平面は，ただ1つだけある。

131 空間内にある2直線の位置関係には，次の3つの場合がある。
　(i) 交わる　(ii) 平行(同じ平面にあって，どこまで延長しても交わらない。)
　(iii) ねじれの位置(同じ平面上にない。どこまで延長しても交わらない。)

*132 ［直線と平面の位置関係①］ ◁頻出

次の問いに答えなさい。

(1) 右の直方体について，次の面や辺を答えなさい。
  ① 辺 AB を含む面
  ② 辺 AB と垂直な面
  ③ 辺 AB と平行な面
  ④ 面 ABCD と垂直な辺
  ⑤ 面 ABCD と平行な辺

(2) 次の □ にあてはまることばや記号を答えなさい。
  ① 直線 ℓ が平面 P と点 O で交わり，直線 ℓ が点 O を通る平面 P 上のどの直線とも □ のとき，直線 ℓ と平面 P は，垂直であるといい，ℓ □ P と書く。また，直線 ℓ を平面 P の □ という。
  ② 交わる 2 直線は，1 つの □ を決定するから，直線 ℓ が平面 P と点 O で交わり，O を通る P 上の 2 直線 a，b のどちらに対しても □ ならば，ℓ □ P である。
  ③ 平面 P 上にない点 A から，平面 P へ引いた垂線が平面 P と点 H で交わるとき，線分 AH は，点 A と平面 P 上の点を結ぶ線分の中で最も □。この垂線 AH の長さを点 A と平面 P との距離という。

*133 ［平面と平面の位置関係］ ◁頻出

次の □ に適することばや記号を入れなさい。

2 つの平面 P と Q が交わるとき，その交わりは，1 つの □ である。これを ℓ とする。

いま，ℓ 上の点 O を通って，平面 P 上に ℓ と垂直な直線 m，平面 Q 上に ℓ と垂直な直線 n を引くとき，$m \perp n$ ならば，平面 P と平面 Q は，□ であるといい，P □ Q と書く。

着眼
132 直線 ℓ と平面 P の位置関係には，次の 3 つの場合がある。
  (i) 交わらない（ℓ と P は平行） (ii) 交わる（交わりは点）
  (iii) 含まれる（ℓ は P 上にある）

*134 [直線と平面の位置関係②] <頻出>

空間に直線や平面があるとき，これらの直線や平面について述べた次の(ア)～(カ)のうち，正しいものを2つ選びなさい。

(ア) 1つの直線に平行な2つの平面は，平行である。
(イ) 1つの平面に垂直な2つの直線は，平行である。
(ウ) 1つの直線に垂直な2つの直線は，平行である。
(エ) 1つの平面に垂直な2つの平面は，平行である。
(オ) 1つの直線に垂直な2つの平面は，平行である。
(カ) 2つの平行な平面上にある2つの直線は，平行である。

*135 [立体の展開図] <頻出>

右の展開図からできる直方体で，2直線AB，CDの位置関係を次の中から選びなさい。

(ア) ABとCDは，平行である。
(イ) ABとCDは，1点で交わる。
(ウ) ABとCDは，同じ直線である。
(エ) ABとCDは，ねじれの位置にある。

*136 [立体の投影図] <頻出>

次の(1)～(3)の投影図で表された立体の名前を答えなさい。

(1)　　　(2)　　　(3)

着眼

136 立体を，正面から見た図と，真上から見た図で表すことができる。正面から見た図を**立面図**，真上から見た図を**平面図**といい，これを合わせたものを**投影図**という。投影図は，(1)，(2)のように，立面図と平面図だけではその立体の形がわからないことがある。そのような場合には側面図(横から見た図)をつけ加えて表すこともある。

*137 [正多面体] <頻出

正多面体について，次の表を完成しなさい。

	面の形	1つの頂点に集まる面の数	面の数	辺の数	頂点の数	各面の中心を結んでできる立体
正 四 面 体						
正 六 面 体						
正 八 面 体						
正十二面体						
正二十面体						

*138 [正多面体の展開図] <頻出

右の図は，正四面体の展開図で，アとア，イとイ，…をつなぎ合わせると，その立体ができることを示している。これにならって，次の4つの正多面体についても，つなぎ合わせる辺どうしに同じ記号をつけなさい。

① ② ③ ④

着眼

137 多面体のうち，形も大きさも同じ正多角形で囲まれ，頂点に集まる面の数がすべて等しい多面体を**正多面体**という。

*139 ［円錐］ 頻出

右の図のような円錐の表面積が 154π cm² のとき，この円錐の母線の長さを求めなさい。
　　　　　　　　　　　　　　　　　　　（熊本・九州学院高）

**140 ［空間における位置関係］ 頻出

右の図の立方体 ABCD-EFGH について，次の問いに答えなさい。

(1) 頂点 A を除く 7 つの頂点から 2 つの頂点を選び，頂点 A と，選んだ 2 つの頂点を結んで三角形を作る。
　このとき，直角三角形は全部でいくつできるか求めなさい。
　　　　　　　　　　　　　　　　　　　（都立国立高）

(2) 次の問いに答えなさい。　　（千葉・渋谷教育学園幕張高）
　① 点 A と点 F を通る直線と，点 B と点 D を通る直線の位置関係を答えなさい。
　② 点 C を通って，直線 AF にも直線 BD にも平行な平面を作るにはどのようにすればよいか説明しなさい。

**141 ［体積と表面積］ 頻出

図 1 は，底面の半径が 12cm，高さが h cm の円柱 P である。
　　　　　　　　　　　　　　　　　　　（秋田県）

(1) 円柱 P において，1 つの底面の面積と側面積が等しくなるとき，円柱 P の高さ h の値を求めなさい。

(2) 図 2 のように，円柱 P の側面を広げてできる長方形を 4 個の合同な長方形に分け，その 1 つの長方形を側面とし，高さが円柱 P と等しい円柱 Q を作る。このとき，円柱 P の体積は円柱 Q の体積の何倍になるか求めなさい。

142 [立方体の切断①]

右の図のような1辺が3cmの立方体 ABCD-EFGH がある。4つの点 B, D, E, G を頂点とする四面体の体積を求めなさい。

(広島・修道高)

143 [立方体の切断②]

立方体 ABCD-EFGH の8つの頂点から3つの頂点を選び，それら3点を頂点とする三角形の総数を求めたい。次の空欄に適する数を入れなさい。

正方形 ABCD の4つの頂点から3つの頂点を選んでできる三角形は ア 個あり，正方形 ABCD と合同な正方形は（正方形 ABCD も含めて） イ 個ある。

また，長方形 BFHD の4つの頂点から3つの頂点を選んでできる三角形は ウ 個あり，長方形 BFHD と合同な長方形は（長方形 BFHD も含めて） エ 個ある。

次に，正三角形となるものは全部で オ 個である。

この3種類以外に三角形の種類はない。したがって，求める三角形の総数は カ 個である。

(福岡・筑紫女学園高)

着眼

139 円錐の側面積は，$\frac{1}{2} \times$ おうぎ形の弧の長さ $\times$ 半径　で求めることができる。

141 (1) 円柱の側面積は，縦が円柱の高さ，横が円柱の底面のまわりの長さである長方形の面積である。

(2) 円柱の高さは変わらないので，底面の円周から底面の半径の長さを考える。

142 立方体から三角錐 A-BDE, C-BGD, F-BEG, H-DEG を切り落とした形になる。

144 ［立方体の切断③］

1辺の長さが6cmの立方体ABCD-EFGHがあり，辺EF，FGの中点をそれぞれM，Nとする。点PはFを出発して毎秒1cmの速さで辺上をB，C，Dを経由してHまで進むものとする。3点M，N，Pを通る平面でこの立方体を切ったとき，次の問いに答えなさい。

（茨城・茗溪学園高改）

(1) 切り口の図形がn角形となる。nにあてはまる整数をすべて求めなさい。
(2) 切り口が正三角形になるのは，点PがFを出発してから何秒後か求めなさい。
(3) 切り口が正六角形になるのは，点PがFを出発してから何秒後か求めなさい。
(4) 点PがFを出発してから11秒後の切り口の形を答えなさい。

145 ［立体の体積・容積①］

右の図のような円柱の容器に，この円柱の底面と高さが等しい円錐をはめこむ。次に，底から6cmの深さまで水を入れたあとで，この円錐を取り出す。このとき，次の空欄に適する数を入れなさい。　（東京・日本大豊山女子高）

(1) 入れた水の量は ☐ cm³である。
(2) 円錐を取り出した後の水面の高さは ☐ cmである。

着眼
144 (1) 立方体は正六面体なので，切り口の図形は七角形以上にならない。
145 (1) 水面より上に出ている部分の立体の形は円錐で，全体の半分の深さまで水を入れたから，底面の半径は，6cmの$\frac{1}{2}$の長さとなる。
　　　(2) 水面の高さを$x$cmとして，(1)で求めた水量から方程式を作る。

146 ［立体の体積・容積②］

縦，横，高さがそれぞれ 30cm，50cm，27cm の直方体の水そうに，24cm のところまで水が入っている。

この水そうに，縦，横，高さがそれぞれ 25cm，10cm，30cm の直方体の角材を，底に対して垂直にゆっくり沈めていく。次の問いに答えなさい。　　　　　　　　（国立工業高専）

(1) 角材を水に何 cm 沈めたとき，水はこぼれ始めますか。

(2) 角材が底に着くまで沈め，再び角材を取り出すと，水そうの水の深さは何 cm になりますか。

147 ［立体の体積・容積③］ ◁頻出

右の図 1 は底面の直径が 6cm，高さが 8cm の円柱形の容器で，容器の側面に沿って，底面から高さ 3cm のところを 1 周する線 ℓ がかいてある。

このとき，次の問いに答えなさい。

ただし，容器の厚さは考えないものとする。　　（岩手県）

(1) 図 1 の容器を水平な机の上に置いて水を入れ，満水にした。このときの水の体積を求めなさい。

(2) (1)で満水にした容器を傾けて水を流していき，右の図 2 のように，水面が線 ℓ にとどいたところで傾けるのをやめた。

このとき，容器に残った水の体積を求めなさい。

着眼

147 (2) ℓ より上側の円柱の $\dfrac{1}{2}$ に相当する量の水が流れたことになる。

148 ［立体の体積・容積④］

右の図のように，A：円柱の容器とB：円錐の容器がある。次の問いに答えなさい。

（大阪・関西大一高 改）

(1) AとBの容積を最も簡単な整数の比で表しなさい。

(2) Aの容器の中に，Bの容器を使って水をいっぱいになるまで入れる。最後の1杯は，Bに ◯ cm³ の水を入れると，Aの容器がちょうどいっぱいになった。◯ にあてはまる数を求めなさい。

★★149 ［立体の体積・容積⑤］

次の問いに答えなさい。　（山口県 改）

(1) 図1のように，底面の半径が6cmの円柱の容器に水が入っている。この容器に，底面の半径が3cm，高さが4cmの円錐の形をした鉄のおもりを入れたところ，図2のように，水があふれることなく，完全に沈めることができた。

このとき，水面の高さは何cm上昇したか求めなさい。

(2) (1)の円錐の母線の長さは5cmである。この円錐と，半径3cmの半球を合わせた図3のような立体の体積と表面積を求めなさい。

着眼
149 (1) 沈めた円錐の体積の分だけ水量が増えたと考え，上昇する水面の高さを求める。

150 [立体の展開図①] <頻出

右の2つの展開図について，次の問いに答えなさい。
(神奈川・法政大二高)

(1) 図1の展開図を組み立ててできる立体において，辺ADとねじれの位置にある辺をすべて求めなさい。

(2) 図2の展開図を組み立ててできる立体の表面積を求めなさい。

図1 A D H E
B C G F

図2 6cm

円周の長さ 2π cm

151 [立体の展開図②] <頻出

図1の1辺の長さが12の正方形を線分AB，BC，CAで折って，図2のように三角錐ABCDを作る。このとき，次の□をうめなさい。
(三重・高田高)

(1) 三角錐ABCDの体積は ア である。

(2) △ABCの面積は イ で，△ABCを底面としたときの三角錐の高さは ウ である。

着眼
151 (2) 三角錐ABCDの体積 $=\dfrac{1}{3}\times$(△ABCの面積)×(高さ) から，高さが求められる。

152 [立体の展開図③]

右の図のような正八面体とその展開図について,次の問いに答えなさい。　(三重・暁高改)

(1) 展開図の点Pに対応する正八面体の頂点は点A〜Fのうち,どれにあたりますか。

(2) 正八面体において,展開図の辺PQと平行である辺を答えなさい。

153 [立体の展開図④]

下の図のように,1辺の長さが2である立方体ABCD-EFGHがある。AB,BF,FG,GH,HD,DAの中点をそれぞれP,Q,R,S,T,Uとするとき,六角形PQRSTUができる。右の立方体の展開図の中に,六角形の辺をかき入れなさい。

(北海道・東海大付四高)

着眼
152 展開図に正八面体の頂点の記号を書き入れる。
153 展開図に立方体の頂点の記号を書き入れる。

★★ 154 ［立体の展開図⑤］ 頻出

右の図のような円錐とその展開図がある。次の問いに答えなさい。ただし，AB＝5cm，AO＝4cm，BO＝3cm，∠BOC＝60°とする。　　（新潟明訓高）

(1) ∠BOC＝60°に対する $\stackrel{\frown}{BC}$ の長さを求めなさい。

(2) 展開図において，∠BAC＝$x°$とするとき，xの値を求めなさい。

(3) 中心角 $x°$ のおうぎ形 ABC の面積を求めなさい。

★★★ 155 ［立体の展開図⑥］

右の図の円柱は，高さが10cm，AB は底面の直径で10cmである。C，D はそれぞれ A，B の真上の点であり，図のように，A と C，B と D を糸で結びピンと張る。このときできる2本の糸の下方にある側面の部分（かげの部分）の面積を求めなさい。
（奈良・西大和学園高）

着眼

154 (2) $\stackrel{\frown}{BC}$ の長さから，中心角 ∠BAC の大きさを求める。

155 展開図をかいて，それに糸をかき入れて考える。かげの部分は三角形である。

*156 [立体の展開図⑦]

右の図1に示した立体 ABCD-EFGH は，1辺の長さが6cmの立方体である。

点Pは，頂点Bを出発し，辺BA，辺AE上を，毎秒1cmの速さで動き，12秒後に頂点Eに到着する。点Qは，点Pが頂点Bを出発するのと同時に頂点Cを出発し，辺CD，辺DH上を，点Pと同じ速さで動き，12秒後に頂点Hに到着する。

頂点Fと点P，頂点Gと点Q，点Pと点Qをそれぞれ結ぶ。

下の図2は，図1の立方体の展開図に頂点E，F，G，Hの位置を示したものの1つである。展開図の●は，それぞれ立方体の各辺の中点の位置を示している。

図1において，点Pが頂点Bを出発してから3秒後の線分FP，PQ，QGを，定規を用いて展開図にかきなさい。

ただし，点P，Qの位置を示す文字P，Qも書き入れること。

(東京都)

着眼
156 展開図に A，B，C，D を書き入れる。

157 [立体の展開図⑧]

図のように，正三角形8個を組み合わせた展開図がある。A〜Jは点を，㋐〜㋗は面を表している。この展開図を組み立てて立体を作った。このとき，次の問いに答えなさい。

(奈良・育英西高)

(1) 立体の名前を答えなさい。
(2) 面㋐と平行な面を，面㋑〜㋗の中からすべて選びなさい。
(3) 点Gに集まる面を，面㋐〜㋗の中からすべて選びなさい。
(4) 点Aに重なる点をすべて答えなさい。
(5) 辺ABとねじれの位置にあり，辺FHともねじれの位置にある辺をすべて答えなさい。
(6) 立体の∠DAHの大きさを求めなさい。

158 [回転体①] 〈頻出〉

右の図のような直角三角形を直線 ℓ を軸として1回転させてできる立体の体積と表面積を求めなさい。

(大阪・箕面自由学園高)

159 [回転体②] 〈頻出〉

右の図のような図形 ABCD を，直線 ℓ を軸として1回転させてできる立体がある。ただし，点B，Cは線分AO，DOのそれぞれの中点である。このとき，この立体の体積と表面積を求めなさい。

(兵庫・啓明学院高改)

★★ 160 〔回転体③〕

座標平面上に，A(4, 8)，B(-2, 3)，C(0, 3) の 3 点がある。右の図のように，O，A，C，B を順に結んでできる図形を y 軸を軸として 1 回転させてできる立体の体積を求めなさい。

★ 161 〔回転体④〕 ◀頻出

図 1 のように，辺 CD が直線 ℓ 上にある長方形 ABCD がある。図 2 の p〜s の灰色の図形は，長方形 ABCD の一部を切り取り，面積がそれぞれもとの長方形の $\dfrac{1}{2}$ になるようにしたものである。p〜s の図形を，直線 ℓ を回転軸として 1 回転させたときにできる立体の体積を，p から順に P，Q，R，S とする。次のア〜エから，正しいものをすべて選び，その記号を書きなさい。

ア P が最も大きく，S が最も小さい。
イ R が最も大きく，S が最も小さい。
ウ Q と R は等しい。
エ P，Q，R，S はすべて異なる。

(秋田県)

★★ 162 〔回転体⑤〕

右の図のような直角三角形 ABC を y 軸を軸にして 1 回転させてできる立体の体積 V を求めなさい。

(埼玉・早稲田大本庄高 改)

着眼

160 この図形と y 軸について対称な図形をもとに回転体の形を考える。
162 直線 AC と y 軸との交点を P とすると，OP=16 である。

163 [立体の移動①] 頻出

図のように，底面の半径が1の円錐を，頂点Oを中心として平面上で転がしたところ，点線で示した円の上を1周してもとの場所にかえるまでに，ちょうど3回転した。この円錐の母線の長さを求めなさい。
(東京・中央大杉並高)

164 [立体の移動②]

右の図のような，底面の半径が3cm，高さが4cmの円錐が，底面を下にして平面上に置いてある。底面を平面につけたまま，円錐を平面上で動かすことを考える。

円錐の底面の中心Oが，次の各図の太線を1周するとき，円錐が通過してできる立体の体積をそれぞれ求めなさい。
(東京・筑波大附駒場高)

(1) (半径3cmの円)

(2) (長さ10cmの線分が4本と半径3cmの円の弧が4つ)

(3) (1辺が10cmの正方形)

着眼
164 (1) 底面の半径が6cm，高さ8cmの円錐から，図の円錐2つ分を除いた立体になる。

165 [いろいろな立体の問題①]

1辺の長さが2cmの立方体に，底辺の長さ4cm，高さ2cmの直角三角形ABCのシールがはられている（図1）。

このシールの点Aを常に接着面に対して垂直に引いてはがしていく（図2）。図のDEまではがしたら△ADEをDEを軸として90°回転させ，さらに真横にまっすぐ引いてBCまではがす（図3）。このとき，シールをはがし終わるまでに，シールが通過した部分の体積を求めなさい。

図1　図2　図3

手前　　真横

（長崎・青雲高）

166 [いろいろな立体の問題②]

台形の面積の公式は $S=\dfrac{1}{2}(a+b)h$ である。この公式が正しいことを次のように調べた。

例えば，もし a の値が0となるとき，$S=\dfrac{1}{2}bh$ になる。a と b の値が等しくなるとき，$S=ah$ になる。また，a と b を入れかえても S は変わらない。

このことを参考にして，高さ h，2つの底面の1辺の長さがそれぞれ a，b である正方形の角錐台の体積は次の式のどれか，その記号で答えなさい。

ア　$\dfrac{1}{3}(b^2-a^2)h$　　イ　$\dfrac{1}{3}(2a^2-ab+2b^2)h$　　ウ　$\dfrac{1}{3}(a^2+ab+b^2)h$

エ　$\dfrac{1}{3}(a^2-2ab+b^2)h$　　オ　$\dfrac{1}{3}(a^2+2ab+3b^2)h$

（東京・城北高）

着眼

165 点AからEまではがすときは三角錐，EからBまでは三角錐台となる。この2つを合わせたものと，Eで回転した円錐の一部を考える。

167 [いろいろな立体の問題③]

右の図のように，立方体の各面の中央に，それぞれ通り抜けた同じ大きさの穴があいている。この立体の体積と表面積を求めなさい。ただし，穴の辺と立方体の辺は平行である。

（滋賀・比叡山高 改）

168 [いろいろな立体の問題④]

すべての面が白色の1辺1cmの立方体を図1と図2のように積み重ね，図1，2両方の立体の表面をすべて赤く塗った。ここで，図1は底面が1辺4cmの正方形，高さ3cmの直方体であり，図2は1段目10個，2段目6個，3段目3個，4段目1個の立方体を積み重ねている。次の問いに答えなさい。

（大阪桐蔭高）

(1) 図1の立体をもとの1辺1cmの立方体にすべて分解したとき，白色の面を数えた。白色の面は全部で何面ありますか。

(2) 図2の立体をもとの1辺1cmの立方体にすべて分解したとき，白色の面を数えた。白色の面は全部で何面ありますか。

着眼
167 穴の部分は，1辺が1cmの立方体7個分と考える。
168 (2) 上，正面，右側面から見た形は，どれも1辺が1cmの正方形10個分である。

第6回 実力テスト

時間 30分
合格点 70点
得点 /100

解答 別冊 p.76

1 立体図形を平面で切ったときの切り口について，下の□を正しくうめるものを次のA群から選び，記号で答えなさい。ただし，辺の長さが3cmと4cmであるような長方形の対角線の長さは5cmである。

(東京・法政大高)（各7点×3）

A群　㋐　正三角形
　　　㋑　二等辺三角形（正三角形を含まない）
　　　㋒　正方形
　　　㋓　長方形（正方形を含まない）
　　　㋔　平行四辺形（正方形・長方形を含まない）
　　　㋕　上の㋐㋑㋒㋓㋔以外の図形

(1) 図1の直方体を3点A，D，Fを通る平面で切ったときの切り口は□である。

(2) 図2の正四面体の辺BDの中点をEとする。この正四面体を，3点A，E，Cを通る平面で切ったときの切り口は□である。

(3) 図3の立方体を，3点A，C，Fを通る平面で切ったときの切り口は□である。

2 底面の半径が2cm，母線の長さが12cmの円錐がある。円錐の側面上で，最短距離となるように，点Aからひもを1周巻きつける。このとき，ひもの長さを求めなさい。

(7点)

3 $y=\dfrac{1}{x}$ のグラフ上に点Aがある。点Aからx軸に垂線AB，y軸に垂線ACを引き，原点をOとする。長方形OBACをy軸を軸として1回転させてできる立体の体積が2πであるとき，点Aの座標を求めなさい。　(8点)

4 右の図のような AB=1, AD=2, AE=3 である直方体 ABCD-EFGH について，次の問いに答えなさい。 (各8点×2)

(1) 三角錐 F-ABC の体積を求めなさい。

(2) 三角錐 A-CFH の体積を求めなさい。

5 右の図の四角形は，AB=6cm, BC=4cm, CD=3cm, DA=5cm, ∠B=∠C=90° の台形である。この四角形 ABCD を辺 CD を通る直線 ℓ を軸として1回転させてできる回転体について，次の問いに答えなさい。ただし，円周率は π とする。 (各9点×2)

(1) 体積を求めなさい。

(2) 表面積を求めなさい。

6 右の図は，正多角形だけでできたある多面体の展開図であるが，面が1つ足りない。これについて，次の問いに答えなさい。 (各10点×3)

(1) 足りない面を，展開図の適当な位置に1枚かき加えなさい。

(2) この立体を組み立てたときの辺の数と頂点の数は，それぞれいくつか答えなさい。

(3) この立体を組み立てるため，はり合わせるところの一方には必ず「のりしろ」をつけるようにすると，「のりしろ」の個数は最低いくつ必要か答えなさい。足りない面をつけ加えたものとして考えなさい。

7 資料の整理

解答 別冊 p.78

*169 [度数分布表①] ＜頻出

下の資料は，ある中学校1年女子の身長を測定した結果である。

149.8	144.6	156.5	148.1	142.4	145.7	150.0	141.2	144.3
164.5	158.8	149.2	145.8	139.7	150.9	149.8	153.2	145.0
163.6	147.5	152.3	136.9	150.4	151.9	168.7	143.3	142.9
145.4	138.7	151.4	157.0	140.9	147.3	146.9	147.7	153.1
141.5	156.2	148.7	162.1	147.9	151.2	142.3	157.5	143.4

(単位 cm)

この結果を右のような度数分布表にした。これについて，次の問いに答えなさい。

(1) 階級はいくつあるか。
(2) 階級の幅はいくらか。
(3) どんな階級があるか。また，それぞれの階級の階級値を答えなさい。
(4) 上の資料をもとにして，下の①，②のような度数分布表を作った。空らんをうめなさい。

身　長 (cm)	人数 (人)
135 以上～140 未満	3
140　　～145	10
145　　～150	14
150　　～155	9
155　　～160	5
160　　～165	3
165　　～170	1
計	45

①
身　長 (cm)	人数 (人)
134 以上～138 未満	
138　　～142	
142　　～146	
146　　～150	
150　　～154	
154　　～158	
158　　～162	
162　　～166	
166　　～170	
計	45

②
身　長 (cm)	人数 (人)
136 以上～140 未満	
140　　～144	
144　　～148	
148　　～152	
152　　～156	
156　　～160	
160　　～164	
164　　～168	
168　　～172	
計	45

着眼
169「x 以上 y 未満」の階級には，x は含まれるが，y は含まれないことに注意する。

*170 [度数分布表②] <頻出>

下の資料は，中学1年生の体重測定の結果である。

35.3	45.7	46.3	69.2	32.2	47.2	44.8	46.0	57.2	36.3
46.5	44.6	30.7	44.5	45.2	46.8	48.8	39.3	38.9	40.2
47.8	65.2	43.0	43.5	55.0	41.7	42.8	46.7	41.6	41.3
40.2	42.7	46.5	32.5	57.3	53.1	40.5	44.5	43.5	35.7
44.2	49.3	55.7	59.9	41.5	43.7	42.7	41.3	55.4	47.7
55.8	47.5	53.3	45.2	56.8	36.5	34.4	45.7	41.7	36.8
47.3	54.3	44.3	41.3	43.2	46.0	47.9	50.2	42.3	50.7
55.0	53.2	63.1	55.8	40.3	64.1				

(単位 kg)

(1) 体重のちらばりの範囲を求めなさい。
(2) 体重が 55.0kg の人は，どの階級に入るか。
(3) 右の度数分布表を完成しなさい。
(4) どの階級の人がいちばん多いか。また，いちばん少ない階級はどれか。
(5) 体重が 60kg 以上ある人は，全部で何人いるか。
(6) 体重が 45kg 未満の人は全体の何 % か。四捨五入して小数第1位まで求めなさい。

体重 (kg)	人数 (人)
30 以上～35 未満	
35　　～40	
40　　～45	
45　　～50	
50　　～55	
55　　～60	
60　　～65	
65　　～70	
計	

*171 [度数分布表とヒストグラム] <頻出>

下の資料は，ある中学校の1年生の数学の成績である。この結果を 10 点以上 20 点未満，20 点以上 30 点未満，… の階級に分けて資料の整理をする。このとき，次の問いに答えなさい。

65 88 27 59 56 14 99 66 98 89 43 78 90 94 47 59 52 94 38
76 94 94 71 61 85 92 66 76 32 78 77 85 89 73 98 99 96 73

(1) ヒストグラムをかきなさい。
(2) 50 点以上 60 点未満の生徒は何人いるか。
(3) 60 点以上 70 点未満の生徒は全体の何 % か。四捨五入して小数第1位まで求めなさい。

着眼

170 資料の最大値と最小値の差を**範囲**といい，ちらばりの度合いを表す値として用いることがある。

172 [度数折れ線] 〈頻出〉

下の資料は，テニス部員の走り幅跳びの記録である。これについて，次の問いに答えなさい。

390	375	361	354	303	235	389	392	341	373	357
321	320	395	366	342	432	270	333	416	356	453
336	377	396	352	388	377	318	310	340	405	391
292	399	451	289	354	426	439	410	323	411	372
238	339	343	352							

(単位 cm)

(1) 上の結果を，200cm 以上 240cm 未満，240cm 以上 280cm 未満，… の階級に分けて，ヒストグラムを作りなさい。

(2) (1)の結果から，度数折れ線を作りなさい。

173 [累積度数・相対度数・累積相対度数] 〈頻出〉

96 ページの問題 **169** の度数分布表から，累積度数，相対度数，累積相対度数を計算して，右の空らんをうめ，次の問いに答えなさい。相対度数，累積相対度数は，四捨五入して小数第 2 位まで求めなさい。

階級 (cm)	度数 (人)	累積度数 (人)	相対度数	累積相対度数
以上　未満				
135 ～ 140	3			
140 ～ 145	10			
145 ～ 150	14			
150 ～ 155	9			
155 ～ 160	5			
160 ～ 165	3			
165 ～ 170	1			
計	45			

(1) 身長が 155cm 未満の人は何人いるか。

(2) 160～165 の階級に入る人は全体の何 % にあたるか。

(3) 身長が 150cm 未満の人は全体の何 % にあたるか。

着眼

172 ヒストグラムで，おのおのの長方形の上の辺の中点を順に結んだ折れ線グラフが **度数折れ線**（または**度数分布多角形**，**度数分布グラフ**）である。ただし，両端では，度数 0 の階級があるものとして，線分を横軸までのばす。

173 ある階級までの度数の和を，その階級に対する**累積度数**という。ある階級の度数の，度数の合計に対する割合を，その階級の**相対度数**という。また，ある階級の累積度数の，度数の合計に対する割合を，その階級の**累積相対度数**という。

174 [平均値①] 〈頻出〉

右の表は，北海道のA市における3月6日の過去10年間の最高気温と最低気温を表したものである。この表について，次の問いに答えなさい。

(1) 最高気温と最低気温の差が最も大きい年は何年か。
(2) 最高気温について，最近の5年間の平均値は，それ以前の5年間の平均値より何度低くなったか。四捨五入して，小数第1位まで求めなさい。

年	最高気温(℃)	最低気温(℃)
2000	3.5	−7.9
2001	−2.3	−5.7
2002	2.8	−3.4
2003	1.0	−5.5
2004	0.1	−5.5
2005	−0.3	−9.7
2006	1.6	−9.9
2007	−3.1	−7.2
2008	−1.1	−9.3
2009	2.9	−1.5

175 [平均値②] 〈頻出〉

ある中学校の1年1組の女子生徒は全部で20人である。これらの生徒全員について背筋力を測定した。右の表はその結果をまとめた度数分布表である。

このとき，次の(1), (2)の問いに答えなさい。

(1) 85kg以上95kg未満の階級の相対度数を求めなさい。
(2) この学級における女子生徒全員の背筋力の平均値を求めなさい。

階級 (kg)	度数 (人)
以上 未満	
45 〜 55	2
55 〜 65	3
65 〜 75	3
75 〜 85	6
85 〜 95	5
95 〜 105	1
計	20

着眼
175 度数分布表から平均値を求めるには，各階級について階級値を決め，階級値×度数を求め，それらの和を度数の合計で割ればよい。

176 [資料の平均・中央値・最頻値①] ＜頻出

下の表は，ある中学校1年生の生徒50人の体重を表している。
この表について，次の問いに答えなさい。

(1) いちばんはじめの階級を30kg以上35kg未満として，度数分布表を作りなさい。
(2) もとの表から求めた平均と，(1)で作った度数分布表から求めた平均とでは，どのように異なるか。
　その違いを小数第1位まで求めなさい。
(3) この50人の体重の中央値(メジアン)を求めなさい。
(4) (1)で作った度数分布表から，この50人の体重の最頻値(モード)を求めなさい。

No.	体重 (kg)	No.	体重 (kg)	No.	体重 (kg)	No.	体重 (kg)	No.	体重 (kg)
1	42	11	39	21	47	31	54	41	48
2	51	12	49	22	44	32	59	42	49
3	53	13	56	23	39	33	57	43	40
4	44	14	41	24	64	34	32	44	49
5	61	15	43	25	51	35	48	45	45
6	46	16	57	26	54	36	47	46	50
7	49	17	51	27	57	37	48	47	46
8	38	18	43	28	48	38	54	48	46
9	48	19	59	29	48	39	40	49	48
10	56	20	47	30	40	40	41	50	44

(着眼)
176 (3) 資料の個数は偶数であるから，中央に並ぶ2つの値の平均を求める。
(4) 度数分布表で，最も度数が大きい階級の階級値を答える。

177 [資料の平均・中央値・最頻値②] 頻出

あるテストで，1問1点の計算問題が5問出題され，25人の生徒のこの5問の得点は，次のようになりました。

```
3 1 4 2 3 2 4 3 4 2
4 0 2 3 4 3 3 1 4 5
4 2 4 1 3
```

(1) 右の度数分布表を完成しなさい。
(2) 得点の平均を求めなさい。
(3) 中央値(メジアン)を求めなさい。
(4) 最頻値(モード)を求めなさい。

得点(点)	人数(人)
0	
1	
2	
3	
4	
5	
計	25

178 [度数分布に関する問題①]

次の資料は，A中学校1年のある学級で，男子全員の身長を測定した結果である。ただし，単位はcmである。

```
153 172 161 163 167 152 162
155 163 167 170 158 162 164
174 166 169 168 156 161
```

(1) この資料を右の度数分布表に整理しなさい。
(2) 160cm以上165cm未満の階級の人数は，全体の人数の何%にあたるか。

階級(cm)	度数(人)
以上　未満	
150～155	
155～160	
160～165	
165～170	
170～175	
計	20

179 ［度数分布表に関する問題②］

右の表はあるクラスの男子の身長の測定結果を階級ごとに，まとめたものである。次の問いに答えなさい。

階　　級 (cm)	階級値 (cm)	度数 (人)	(階級値)×(度数)
以上　　未満			
145.0～150.0	147.5	1	147.5
150.0～155.0	(ア)	4	610.0
155.0～160.0	157.5	4	630.0
160.0～165.0	162.5	(イ)	
165.0～170.0	167.5	3	502.5
170.0～175.0	172.5	2	345.0
計		20	3210.0

(1) 表の中の (ア), (イ) にあてはまる数を求めなさい。

(2) 155cm 以上の生徒の数を求めなさい。

(3) 身長の平均値を，四捨五入して小数第1位まで求めなさい。

180 ［未知数を求める］

A組とB組の合計60人に5点満点のテストをしたら，得点の分布が右の表のようになり，2つの組を合わせた平均点は2.7点になった。表の中の x の値を求めなさい。

得点＼組	0	1	2	3	4	5	計
A組	1	3	6	x	5	2	60人
B組	3		7	10	8	3	

181 ［ヒストグラムに関する問題］

右の図は，ある中学校の1年男子40人のハンドボール投げの記録をヒストグラムで表したものであるが，25～28 と 28～31 の階級については記入されていない。

(1) 16～19 の階級と 25～28 の階級の度数の比は1：2である。右のヒストグラムを完成しなさい。

(2) 28～31 の階級の相対度数を求めなさい。

着眼

180 B組の1点の人数を x で表し，平均点を利用して x の値を求める。

181 (1) 25～28 の度数がわかれば，全体の人数より，28～31 の度数もわかる。

182 [資料の整理の総合問題]

ある学級の女子生徒は全員で20人である。下の表は，これらの女子生徒全員の身長について調べた結果を，階級ごとにまとめたものである。

身　長 (cm)	階級値 (cm)	度数 (人)	(階級値)×(度数)
以上　未満			
140 〜 145	142.5	1	142.5
145 〜 150	147.5	3	442.5
150 〜 155	152.5	5	762.5
155 〜 160	157.5	6	945.0
160 〜 165	162.5	□	□
165 〜 170	167.5	(ア)	335.0
計		20	3115.0

(1) 上の表の(ア)にあてはまる数を答えなさい。

(2) 身長が155cm以上の生徒の人数は全体の何％にあたるか。

(3) この学級で，身長が145cm以上150cm未満の階級に入る女子生徒が1人転校して行き，身長が160cm以上165cm未満の階級に入る女子生徒が1人転校してきた。この結果，この学級の女子生徒全員の身長の平均値はいくらになったか。

183 [有効数字・誤差・真の値の範囲]

次の問いに答えなさい。

(1) 149600000を，有効数字5けたで，$a \times 10^n$ $(1 \leq a < 10)$ の形で表しなさい。

(2) $\dfrac{22}{7}$ の近似値を3.14としたとき，誤差はいくらか。小数第5位を四捨五入して答えなさい。

(3) 1mmまではかれる身長計ではかると168.7cmである人の，身長の真の値 x はどのような範囲にあるか，不等号を使って表しなさい。

---

182 (3) (階級値)×(度数)の計のところが 162.5−147.5 増える。

第7回 実力テスト

時間 40分　合格点 70点　得点 /100

解答 別冊 p.82

1 12人で輪投げゲームをした。ひとりが，赤，青，白の3つの輪を持ち，それぞれ1回ずつポールに投げる。赤の輪がかかると3点，青は2点，白は1点とし，その合計がその人の得点になる。

得点(点)	0	1	2	3	4	5	6	計
人数(人)	0	1	2	4	2	1	2	12

上の表は，その得点を度数分布表にまとめたものである。
これをもとにして，下の(1)～(3)の問いに答えなさい。

(各10点×3)

(1) 得点が5点以上となった人の相対度数を求めなさい。
(2) 得点の平均値を求めなさい。
(3) ポールに赤の輪をかけた人が6人いた。青の輪をかけた人は何人いたか。

2 次の表は，K中学校のある運動部に所属する部員20人の身長の度数分布表で，度数，階級値×度数のらんについては一部記入されていない。
また，この度数分布表を作成した後に，身長が階級170.0cm～175.0cmに入る新入部員が何人かあったので，全体の平均を求め直すと1.5cm高くなった。ただし，もとの部員20人の階級の度数は変わらないものとする。

(各10点×4)

(1) 表の中の ㋐，㋑ にあてはまる度数を求めなさい。
(2) 部員が20人のときの階級 160.0cm～165.0cm の相対度数を求めなさい。
(3) 度数分布表を作成した後の新入部員の人数を求めなさい。

階級(cm)	階級値(cm)	度数(人)	(階級値)×(度数)
以上　　未満			
145.0～150.0	147.5	㋐	295.0
150.0～155.0	152.5	㋑	
155.0～160.0	157.5	4	630.0
160.0～165.0	162.5	5	812.5
165.0～170.0	167.5	3	502.5
170.0～175.0	172.5	2	345.0
175.0～180.0	177.5	1	177.5
計		20	3220.0

3 ある日，太郎さんの学年で登校時刻の調査を行った。右の表はその調査結果に基づいて作成した，学年と太郎さんの学級の度数分布表である。ただし，各階級の左に示した時刻はその階級に含まれ，右に示した時刻はその階級に含まれないものとする。この度数分布表をもとに，次の各問いに答えなさい。

(各10点×3)

階　級	度　数（人）	
	学　年	太郎の学級
時　分　時　分		
7：50 〜 7：55	3	0
7：55 〜 8：00	5	2
8：00 〜 8：05	9	2
8：05 〜 8：10	12	4
8：10 〜 8：15	24	6
8：15 〜 8：20	40	8
8：20 〜 8：25	53	12
8：25 〜 8：30	16	6
計	162	40

(1) この日，太郎さんより早く登校した生徒は，学年全体では19人いた。太郎さんの学級には何人いたと考えられるか。考えられる人数をすべてあげているものを，次のア〜エから選び，その記号を答えなさい。

ア．4人　　イ．4, 5人　　ウ．4, 5, 6人
エ．4, 5, 6, 7人

(2) 太郎さんの学校では8：25に予鈴が鳴る。予鈴が鳴る前に登校した生徒について学年と太郎さんの学級とを比較するため，7：50〜7：55の階級から8：20〜8：25の階級までの各階級の相対度数の和を求めたところ，学年では0.90であった。太郎さんの学級ではいくらか。答えは四捨五入して小数第2位まで求めなさい。

(3) 右の図は，学年の度数分布のようすを，ヒストグラムに表したものである。かげをつけた図形の総面積を2等分する直線 ℓ をヒストグラムの縦軸に平行に引き，直線 ℓ とヒストグラムの横軸との交点をAとする。Aにあたる時刻は8時何分何秒か。

総合問題

解答 別冊 p. 83

***184** ［いろいろな計算と 1 次方程式］

次の問いに答えなさい。

(1) $\left(-\dfrac{1}{8}\right)^3 \div (-0.25)^3 + 1.25^2 \div 0.5^4$ を計算しなさい。 （大阪桐蔭高）

(2) $(-2) \times \left(\dfrac{1}{4}\right)^2 \div \left\{\left(-\dfrac{1}{2}\right)^3 - \dfrac{1}{5} \times \left(-\dfrac{5}{4}\right)^2\right\}$ を計算しなさい。 （長崎・青雲高）

(3) $x - 3y - \{x + 4y - (4x + 3y)\}$ を計算しなさい。 （千葉・東邦大付東邦高）

(4) 1 次方程式 $2 - \dfrac{5x+1}{6} = \dfrac{1}{2}$ の解を求めなさい。 （神奈川・桐蔭学園高）

(5) 1 次方程式 $2x - 1 = \dfrac{5x-3}{4} - \dfrac{2}{3}$ の解を求めなさい。 （福岡大附大濠高）

***185** ［大小比較］

$a > 0$, $b < 0$ のとき，a, b の絶対値の大小に関係なく，つねに成り立つ式を①〜⑩の中から選び，その番号を書きなさい。

① $a+b > 0$ 　② $a+b < 0$ 　③ $a-b > 0$

④ $a-b < 0$ 　⑤ $a^2+b^2 > 0$ 　⑥ $a^2-b^2 > 0$

⑦ $a^2-b^2 < 0$ 　⑧ $a^3+b^3 > 0$ 　⑨ $a^3-b^3 > 0$

⑩ $a^3-b^3 < 0$

（兵庫・関西学院高）

186 [規則性]

右の表は，正の偶数をある規則によって並べたものである。x，y が自然数のとき，上から x 行目，左から y 列目の数を $N(x, y)$ とする。例えば，上から 3 行目で左から 2 列目の数 20 は $N(3, 2)$ である。ただし，$1 \leqq x \leqq 7$，$y \geqq 1$ とする。　　　　　（兵庫・甲南高）

```
 2 16 30 ・ ・ ・ ・
 4 18 32 ・ ・ ・ ・
 6 20    ・ ・ ・ ・
 8 22    ・ ・ ・ ・
10 24    ・ ・ ・ ・
12 26    ・ ・ ・ ・
14 28    ・ ・ ・ ・
```

(1) $N(3, 5)$ で表される数を求めなさい。

(2) $N(x, 1)$，$N(x, 2)$ の値を x の式で表しなさい。
また，$N(x, y)$ の値を x，y の式で表しなさい。

(3) $N(x, y)$ の値が 4248 になるような，x，y の値を求めなさい。

187 [方程式の応用]

16km 離れた K 駅と動物園の間を，2 台のバスが同じ一定の速さで何回も往復している。バスは，K 駅と動物園を同じ時刻に出発し，K 駅と動物園でそれぞれ 4 分間停車する以外は止まらない。また，K 駅を出発したバスは 44 分かけて K 駅に戻る。1 台のバスが午前 8 時に K 駅に到着したときに，明君は自転車で K 駅から動物園に向かって出発した。自転車の速さを時速 16km として，次の問いに答えなさい。　　　　　　　　　　　　（東京・筑波大附駒場高）

(1) 明君が出発して，K 駅行きのバスにはじめて出会うのは何時何分ですか。

(2) 明君が出発して，動物園行きのバスに 2 度目に追い越されるのは，K 駅から何 km の地点ですか。

(3) 明君が動物園に向かう途中で自転車が故障した。その場で 15 分間修理をしたが直らなかったので，そこから時速 4km で歩いて動物園に向かったところ，開園時刻の午前 10 時に間に合った。明君の歩いた時間は最大で何分ですか。

総合問題

★★188 [比例と反比例のグラフの頻出問題①] ＜頻出

右の図は双曲線 $y=\dfrac{a}{x}$ ($x>0$) と直線 $y=bx$ のグラフで，その交点を A とし，点 A から x 軸に引いた垂線と x 軸との交点を B とする。△OAB の面積が 8 であるとき，次の問いに答えなさい。
(奈良育英高)

(1) a の値を求めなさい。
(2) 点 A の x 座標が 2 のとき，b の値を求めなさい。
(3) この双曲線上にあって，x 座標，y 座標がともに整数である点は何個あるか答えなさい。

★★189 [比例と反比例のグラフの頻出問題②] ＜頻出

右の図において，①は関数 $y=x$ のグラフであり，②は関数 $y=\dfrac{m}{x}$ ($x>0$) のグラフである。①上に 2 点 B，D，②上に 2 点 A，C をとり，辺 AD と BC は x 軸に平行で，辺 AB と DC は y 軸に平行である正方形 ABCD を作る。また，辺 AB の延長と x 軸との交点を E，辺 CB の延長と y 軸との交点を F とする。①と②の交点の x 座標が 2 のとき，次の問いに答えなさい。

(東京・明治大付明治高 改)

(1) m の値を求めなさい。
(2) 正方形 ABCD と正方形 OEBF の面積が等しくなるとき，その面積を求めなさい。

着眼

188 (1) 点 A の x 座標を t とすると，y 座標は $\dfrac{a}{t}$

(3) $y=\dfrac{16}{x}$ ($x>0$) で，y が整数となるのは，x が 16 の約数のときである。

189 (2) 2 つの正方形の面積が等しくなるのは，1 辺の長さが等しいときである。

190 [いろいろな面積]

円Oの周上に3点P, Q, Rがある。図1～3は線分PQ, QR, RPで円を折り返した図の一部にかげをつけたものである。図Aで，曲線または直線で囲まれた部分の面積をそれぞれ a, b とし，円Oの面積を S, △PQRの面積を T とする。図1～3のかげをつけた部分の面積について，次の問いに答えなさい。(東京・専修大附高)

(1) 図1のかげをつけた部分の面積を a, b を用いて表しなさい。

(2) 図2のかげをつけた部分の面積を S を用いて表しなさい。

(3) 図3のかげをつけた部分の面積を S, T を用いて表しなさい。

191 [円錐台の表面積]

円錐を，底面に平行な平面で切り取ると右の図の円錐台になった。この円錐台の表面積を求めなさい。

110 ── 総合問題

★★192 ［図形の移動とその形状］

右の図のように，はじめ2点 A, B は円の直径の両端にある。いま，A が B の2倍の速さで，円周上を矢印の方向にそれぞれ進むとき，線分 AB の中点 M の描く曲線はどのようになるか。

［選択肢］①〜⑤の中から，番号を選びなさい。

（広島・崇徳高）

［図］

［選択肢］
① ② ③
④ ⑤

★★193 ［線対称・点対称］

下のア〜キの中で，線対称な図形，点対称な図形をそれぞれすべて選び，記号で答えなさい。

（滋賀・立命館守山高）

ア　イ　ウ　エ

オ　カ　キ

*194 [正多面体]

いくつかの平面で囲まれた立体 A, B がある。立体 A の面はすべて正五角形であり，右の図はその展開図である。立体 B の面は正五角形または正六角形であり，面の数は全部で 32 である。次の問いに答えなさい。

(東京・慶應女子高)

(1) 立体 A の頂点の数と辺の数を求めなさい。
(2) 立体 A において，2つの頂点を結ぶ線分を考える。このような線分で，立体 A の内部を通るものの総数を求めなさい。
(3) 立体 B の面は，どの正五角形にも5つの正六角形がとなり合い，どの正六角形にも3つの正六角形がとなり合っている。立体 B の正五角形の面の数と，正六角形の面の数を求めなさい。

着眼

194 (1) 正五角形 12 面でできる正十二面体である。1つの頂点に集まる面は3面である。

(2) 1個の頂点から残りの 19 個の頂点に引いた 19 本の線分のうち，正十二面体の辺になるもの，正五角形の対角線になるもの以外が立体 A の内部を通る。

(3) 立体 B の面の数は全部で 32 であるから，正五角形の面の数を x とすると，正六角形の面の数は $32-x$ となる。
　　正五角形のどの辺にも正六角形の辺が重なるから，どの頂点にも正五角形 1 個と正六角形 2 個が集まっている。

執筆者	間宮勝己（成基学園）　　西谷光賀　　廣田壮壱　　谷 勇樹（稲田塾）
	山腰政喜
図　版	伊豆嶋恵理　　よしのぶもとこ

シグマベスト
最高水準特進問題集　数学
中学1年

本書の内容を無断で複写(コピー)・複製・転載することは，著作者および出版社の権利の侵害となり，著作権法違反となりますので，転載等を希望される場合は前もって小社あて許諾を求めてください。

Ⓒ BUN-EIDO　2012　Printed in Japan

編　者	文英堂編集部
発行者	益井英郎
印刷所	中村印刷株式会社
発行所	株式会社　文英堂
	〒601-8121　京都市南区上鳥羽大物町28
	〒162-0832　東京都新宿区岩戸町17
	（代表）03-3269-4231

●落丁・乱丁はおとりかえします。

シグマベスト

最高水準特進問題集

数学
中学1年

正解答集

- くわしい解き方つきの正解答集です。初めから解答を見るのではなく，まずは，自力で解いてみましょう。
- 〈トップコーチ〉でさらに深く学習し，他の問題にも応用できる力を養いましょう。

文英堂

1 正負の数

▶**1** (1) $\dfrac{17}{4}$ (2) $\dfrac{37}{24}$

    (3) -2 (4) 4 (5) 8

解説 (1) $1+2\div 8-(-1.5)\times 2$
$=1+\dfrac{1}{4}-(-3)=\dfrac{4}{4}+\dfrac{1}{4}+\dfrac{12}{4}=\dfrac{17}{4}$

(2) $\dfrac{5}{6}-1\dfrac{3}{4}-\dfrac{7}{8}+3\dfrac{1}{3}=\dfrac{5}{6}-\dfrac{7}{4}-\dfrac{7}{8}+\dfrac{10}{3}$
$=\dfrac{20}{24}-\dfrac{42}{24}-\dfrac{21}{24}+\dfrac{80}{24}=\dfrac{37}{24}$

(3) $\dfrac{7}{6}+\dfrac{1}{2}\times(-5)-\dfrac{3}{5}\times\dfrac{10}{9}=\dfrac{7}{6}-\dfrac{5}{2}-\dfrac{2}{3}$
$=\dfrac{7}{6}-\dfrac{15}{6}-\dfrac{4}{6}=-\dfrac{12}{6}=-2$

(4) $\left\{\left(2+\dfrac{3}{4}\right)\times\dfrac{2}{3}+\dfrac{1}{2}\right\}\div\dfrac{7}{12}$
$=\left(\dfrac{11}{4}\times\dfrac{2}{3}+\dfrac{1}{2}\right)\times\dfrac{12}{7}$
$=\left(\dfrac{11}{6}+\dfrac{3}{6}\right)\times\dfrac{12}{7}=\dfrac{14}{6}\times\dfrac{12}{7}=4$

(5) $(-4)\times\{6\div(3-7)\}-(-4-2)\div 3$
$=(-4)\times\{6\div(-4)\}-(-6)\div 3$
$=(-4)\times\left(-\dfrac{3}{2}\right)-(-2)=6+2=8$

▶**2** (1) -2 (2) -2 (3) -37

    (4) 13 (5) -18 (6) -102

    (7) 15 (8) 1 (9) 52

    (10) 6 (11) -37 (12) -2

解説 (1) $117\div\{-2^2-(-3)^2\}-(-7)$
$=117\div(-4-9)+7=117\div(-13)+7$
$=-9+7=-2$

(2) $(-3)^3\times(-2)\div(-9^2)-(-2)^2\div 3$
$=(-27)\times(-2)\div(-81)-4\div 3$
$=-\dfrac{27\times 2}{81}-\dfrac{4}{3}=-\dfrac{2}{3}-\dfrac{4}{3}=-2$

(3) $(-2)^3\times 5-\{-3+(5-11)\}\div 3$
$=(-8)\times 5-\{-3+(-6)\}\div 3$
$=-40-(-9)\div 3=-40-(-3)$
$=-40+3=-37$

(4) $5^2-(10-3^2)\times\{2^3-(-2)^3\}-(-4)$
$=25-(10-9)\times\{8-(-8)\}+4$
$=25-1\times 16+4=25-16+4=13$

(5) $-2^3-(-2)^3-3^2-(-3)^2$
$=-8-(-8)-9-9$
$=-8+8-9-9=-18$

(6) $(-5)^2\times(-2^2)+(-8)\div(-2)^2$
$=25\times(-4)+(-8)\div 4$
$=-100+(-2)=-100-2=-102$

(7) $8-(-3)^2\div(-2^2)\div\dfrac{9}{28}$
$=8-9\times\left(-\dfrac{1}{4}\right)\times\dfrac{28}{9}=8+7=15$

(8) $-3^2\div(-3)-(-2)^3\times\left(-\dfrac{1}{4}\right)$
$=-9\div(-3)-(-8)\times\left(-\dfrac{1}{4}\right)=3-2=1$

(9) $\{(-3)^2+(6-4)\times 9-1\}\times 2$
$=(9+2\times 9-1)\times 2$
$=(9+18-1)\times 2=26\times 2=52$

(10) $\{(-2)^2-3\}\times(-6)\div(-2^2)\times 4$
$=(4-3)\times(-6)\div(-4)\times 4$
$=1\times(-6)\div(-4)\times 4=6$

(11) $-2^2-(-1)^3\times 3+(-3)^2\times(-2^2)$
$=-4-(-1)\times 3+9\times(-4)$
$=-4-(-3)+(-36)$
$=-4+3-36=-37$

(12) $-3^2\times(-2)^2+2\times\{1+8\times(3-1)\}$
$=-9\times 4+2\times(1+8\times 2)$
$=-36+2\times 17=-36+34=-2$

2 ── 3〜4

> **トップコーチ**
> 負の数の累乗では，累乗の指数が
> 　　偶数のときは正の数（＋）
> 　　奇数のときは負の数（－）
> になることに注意！

▶**3** (1) $-\dfrac{2}{9}$　(2) -16　(3) -2

　　(4) -72　(5) $\dfrac{5}{6}$　(6) -23

　　(7) $\dfrac{3}{2}$　(8) $-\dfrac{2}{9}$

解説 (1) $(-0.25)^2 \times (-2)^3 \div (-1.5)^2$

$= \left(-\dfrac{1}{4}\right)^2 \times (-8) \div \left(-\dfrac{3}{2}\right)^2$

$= \dfrac{1}{16} \times (-8) \times \dfrac{4}{9} = -\dfrac{2}{9}$

(2) $-9^2 \times (-0.4)^2 - \left(-\dfrac{2}{5}\right)^2 \times 19$

$= -81 \times \left(-\dfrac{2}{5}\right)^2 - \left(-\dfrac{2}{5}\right)^2 \times 19$

$= \dfrac{4}{25} \times (-81-19) = \dfrac{4}{25} \times (-100)$

$= -16$

(3) $\dfrac{11}{3} \div \left(\dfrac{6}{7} - \dfrac{7}{3}\right) - \dfrac{3}{2} \div \left(\dfrac{7}{5} - \dfrac{9}{2}\right)$

$= \dfrac{11}{3} \div \dfrac{-31}{21} - \dfrac{3}{2} \div \dfrac{-31}{10}$

$= -\dfrac{11 \times 21}{3 \times 31} + \dfrac{3 \times 10}{2 \times 31} = -\dfrac{77}{31} + \dfrac{15}{31}$

$= -\dfrac{62}{31} = -2$

(4) $\{(-2)^3 + (-3)^2\} \div \left\{\left(-\dfrac{1}{2}\right)^3 + \left(-\dfrac{1}{3}\right)^2\right\}$

$= (-8+9) \div \left(-\dfrac{1}{8} + \dfrac{1}{9}\right) = 1 \div \dfrac{-1}{72}$

$= 1 \times (-72) = -72$

(5) $\dfrac{1}{3} - \dfrac{1}{2} \times \left\{\dfrac{1}{8} \div \dfrac{1}{4} - \dfrac{2}{3} \times \left(-\dfrac{3}{2}\right)^2\right\}$

$= \dfrac{1}{3} - \dfrac{1}{2} \times \left(\dfrac{1}{8} \times 4 - \dfrac{2}{3} \times \dfrac{9}{4}\right)$

$= \dfrac{1}{3} - \dfrac{1}{2} \times \left(\dfrac{1}{2} - \dfrac{3}{2}\right) = \dfrac{1}{3} - \dfrac{1}{2} \times (-1)$

$= \dfrac{1}{3} + \dfrac{1}{2} = \dfrac{5}{6}$

(6) $-3^3 - \left\{\dfrac{8}{3} \times \left(-\dfrac{5}{4}\right) - \left(-\dfrac{2}{3}\right) \div \dfrac{2}{5} + \dfrac{2}{3}\right\} \times (-2)^2$

$= -27 - \left\{-\dfrac{10}{3} - \left(-\dfrac{2}{3}\right) \times \dfrac{5}{2} + \dfrac{2}{3}\right\} \times 4$

$= -27 - \left(-\dfrac{10}{3} + \dfrac{5}{3} + \dfrac{2}{3}\right) \times 4$

$= -27 - (-1) \times 4 = -27 + 4 = -23$

(7) $\left(\dfrac{3}{7} - \dfrac{4}{9}\right) \times 14 \div \left(-\dfrac{2}{3}\right)^3 + \left(-\dfrac{1}{2}\right) \times \left(-\dfrac{3}{2}\right)$

$= \left(-\dfrac{1}{63}\right) \times 14 \times \left(-\dfrac{27}{8}\right) + \dfrac{3}{4}$

$= \dfrac{3}{4} + \dfrac{3}{4} = \dfrac{6}{4} = \dfrac{3}{2}$

(8) $\left(\dfrac{1}{4}\right)^2 \times \left(-\dfrac{2}{3}\right)^2 - \{(-2) \times (-3)^2 - (-4^2)\} \div (-2)^3$

$= \dfrac{1}{16} \times \dfrac{4}{9} - \{(-2) \times 9 - (-16)\} \div (-8)$

$= \dfrac{1}{36} - (-18 + 16) \times \left(-\dfrac{1}{8}\right)$

$= \dfrac{1}{36} - \dfrac{1}{4} = \dfrac{1}{36} - \dfrac{9}{36} = -\dfrac{8}{36} = -\dfrac{2}{9}$

▶**4** (1) 2　(2) $\dfrac{11}{3}$　(3) 4

　　(4) 10　(5) 0.8　(6) -20

　　(7) $-\dfrac{5}{2}$　(8) -1

解説 (1) $1 - \left(-\dfrac{3}{5}\right) \times \left(\dfrac{1}{3} - \dfrac{3}{5}\right) \div \dfrac{4}{-5^2}$

$= 1 - \left(-\dfrac{3}{5}\right) \times \dfrac{-4}{15} \times \dfrac{-25}{4} = 1 + 1 = 2$

(2) $\left(\dfrac{3}{4}-0.5^2\right)\div(4.5-6)+(-2)^2$

$=\left\{\dfrac{3}{4}-\left(\dfrac{1}{2}\right)^2\right\}\div(-1.5)+4$

$=\left(\dfrac{3}{4}-\dfrac{1}{4}\right)\div\left(-\dfrac{3}{2}\right)+4$

$=\dfrac{1}{2}\times\left(-\dfrac{2}{3}\right)+4=-\dfrac{1}{3}+\dfrac{12}{3}=\dfrac{11}{3}$

(3) $\dfrac{-3^2}{8}\div\dfrac{3}{4}\times\left(-\dfrac{4}{3}\right)^2+4^2\div2.4$

$=-\dfrac{9}{8}\times\dfrac{4}{3}\times\dfrac{16}{9}+16\div\dfrac{12}{5}=-\dfrac{8}{3}+16\times\dfrac{5}{12}$

$=-\dfrac{8}{3}+\dfrac{20}{3}=\dfrac{12}{3}=4$

(4) $\{18\div(-3^2)+5\}\times4^2\div(-2)^2$
$\qquad\qquad\qquad\qquad-(6-18)\div(-6)$

$=\{18\div(-9)+5\}\times16\div4-(-12)\div(-6)$

$=(-2+5)\times4-2=3\times4-2=10$

(5) $\{(-1)^2-0.85\}\div0.3+1.5\times0.2$

$=(1-0.85)\div0.3+0.3$

$=0.15\div0.3+0.3=0.5+0.3=0.8$

(6) $-2^3-(-2)^2\times\{-2^4-(-2)^3\div0.375\}$
$\qquad\qquad\qquad\qquad\qquad\times\left(-\dfrac{3}{4}\right)^2$

$=-8-4\times\left\{-16-(-8)\div\dfrac{3}{8}\right\}\times\dfrac{9}{16}$

$=-8-\left\{-16-(-8)\times\dfrac{8}{3}\right\}\times\dfrac{9}{4}$

$=-8-\left(-\dfrac{48}{3}+\dfrac{64}{3}\right)\times\dfrac{9}{4}$

$=-8-\dfrac{16}{3}\times\dfrac{9}{4}=-8-12=-20$

(7) $\left(0.125-1.4\times\dfrac{7}{8}\right)\div\left\{0.15\div\dfrac{3}{8}+(-0.2)^2\right\}$

$=\left(\dfrac{1}{8}-\dfrac{7}{5}\times\dfrac{7}{8}\right)\div\left\{\dfrac{3}{20}\times\dfrac{8}{3}+\left(-\dfrac{1}{5}\right)^2\right\}$

$=\left(\dfrac{5}{40}-\dfrac{49}{40}\right)\div\left(\dfrac{2}{5}+\dfrac{1}{25}\right)$

$=-\dfrac{44}{40}\div\dfrac{11}{25}=-\dfrac{44}{40}\times\dfrac{25}{11}=-\dfrac{5}{2}$

(8) $7+(-2^2-1)\times\dfrac{1}{5}-\left(0.75+\dfrac{5}{4}\right)\div\dfrac{2}{7}$

$=7+(-4-1)\times\dfrac{1}{5}-\left(\dfrac{3}{4}+\dfrac{5}{4}\right)\times\dfrac{7}{2}$

$=7+(-1)-7=-1$

▶**5** (1) 9　　(2) 7　　(3) $\dfrac{4}{3}$

(4) 3, -3　　(5) $\dfrac{8}{5}$　　(6) 15

(7) $\dfrac{1}{5}$　　(8) $\dfrac{8}{21}$　　(9) $\dfrac{126}{19}$

解説 (1) $3-\{2-(5-\square)\}=-3$

$3-(2-5+\square)=-3$

$3-(-3+\square)=-3$

$3+3-\square=-3$

$-\square=-3-6=-9$

よって　$\square=9$

(2) $-\dfrac{5}{2}-\left\{\dfrac{1}{2}-(\square-9)\right\}=-5$

$-\dfrac{5}{2}-\dfrac{1}{2}+(\square-9)=-5$

$-3+\square-9=-5$　　$\square=7$

(3) $\left\{\dfrac{1}{3}+\left(\dfrac{2}{3}-\dfrac{1}{4}\right)\times\square\right\}\div\left(-\dfrac{4}{3}\right)=-\dfrac{2}{3}$

両辺に $-\dfrac{4}{3}$ をかけて

$\dfrac{1}{3}+\dfrac{5}{12}\times\square=-\dfrac{2}{3}\times\left(-\dfrac{4}{3}\right)=\dfrac{8}{9}$

$\dfrac{5}{12}\times\square=\dfrac{8}{9}-\dfrac{3}{9}=\dfrac{5}{9}$

$\square=\dfrac{5}{9}\div\dfrac{5}{12}=\dfrac{5}{9}\times\dfrac{12}{5}=\dfrac{4}{3}$

(4) $(-2^2)\times8\div(-18)\times(-\square^2)=-16$

$-\dfrac{4\times8}{18}\times\square^2=-16$

$-\dfrac{16}{9}\times\square^2=-16$

$\square^2=9$　　$\square=3, -3$

(5) $(-0.5)^2 \times \left(-\dfrac{2}{3}\right) \div (-2^2) \times \square = \dfrac{1}{15}$

$\left(-\dfrac{1}{2}\right)^2 \times \left(-\dfrac{2}{3}\right) \times \left(-\dfrac{1}{4}\right) \times \square = \dfrac{1}{15}$

$\dfrac{1}{24} \times \square = \dfrac{1}{15}$ $\square = \dfrac{1}{15} \times 24 = \dfrac{8}{5}$

(6) $-4^2 - \square \div (4-7) = -11$

$-16 - \square \div (-3) = -11$

$\dfrac{\square}{3} = -11 + 16 = 5$ $\square = 15$

(7) $-0.4^2 \div \left(\dfrac{3}{10} - \square\right) = -\dfrac{8}{5}$

$\dfrac{3}{10} - \square = -0.4^2 \div \left(-\dfrac{8}{5}\right)$

$= \left(\dfrac{2}{5}\right)^2 \times \dfrac{5}{8} = \dfrac{4}{25} \times \dfrac{5}{8} = \dfrac{1}{10}$

$-\square = \dfrac{1}{10} - \dfrac{3}{10} = -\dfrac{2}{10} = -\dfrac{1}{5}$

よって $\square = \dfrac{1}{5}$

(8) $-\dfrac{3}{7} \div \left(\dfrac{1}{2}\right)^2 \times \left(-\dfrac{3}{4}\right)^2 \div \square = -\dfrac{81}{32}$

$-\dfrac{3}{7} \times 4 \times \dfrac{9}{16} \div \square = -\dfrac{81}{32}$

$-\dfrac{27}{28} \div \square = -\dfrac{81}{32}$

$\square = -\dfrac{27}{28} \div \left(-\dfrac{81}{32}\right) = \dfrac{27}{28} \times \dfrac{32}{81} = \dfrac{8}{21}$

(9) $2\dfrac{1}{5} \times 0.5 + \dfrac{5}{7} \div \dfrac{2}{3}$

$= \dfrac{11}{5} \times \dfrac{1}{2} + \dfrac{5}{7} \times \dfrac{3}{2} = \dfrac{11}{10} + \dfrac{15}{14}$

$= \dfrac{77}{70} + \dfrac{75}{70} = \dfrac{152}{70} = \dfrac{76}{35}$

$\left\{2\dfrac{1}{3} - (-5)\right\} \div \dfrac{2}{3} = \left(\dfrac{7}{3} + 5\right) \times \dfrac{3}{2}$

$= \dfrac{22}{3} \times \dfrac{3}{2} = 11$

よって $\dfrac{76}{35} \times \square - 11 = \dfrac{17}{5}$

$\dfrac{76}{35} \times \square = \dfrac{17}{5} + 11 = \dfrac{72}{5}$

$\square = \dfrac{72}{5} \div \dfrac{76}{35} = \dfrac{72}{5} \times \dfrac{35}{76} = \dfrac{18}{1} \times \dfrac{7}{19} = \dfrac{126}{19}$

▶**6** (1) $\dfrac{7}{8}$ (2) $a=1$, $b=2$

解説 (1) $\dfrac{1}{1-\dfrac{2}{1-\dfrac{3}{1-\dfrac{4}{5}}}}$

$= \dfrac{1}{1-\dfrac{2}{1-\dfrac{15}{5-4}}} = \dfrac{1}{1-\dfrac{2}{1-15}}$

$= \dfrac{1}{1+\dfrac{1}{7}} = \dfrac{7}{7+1} = \dfrac{7}{8}$

(2) 与えられた等式で,両辺の逆数をとると

$\dfrac{5}{3} = 1 + \dfrac{1}{a+\dfrac{1}{b}}$

$\dfrac{2}{3} = \dfrac{1}{a+\dfrac{1}{b}}$

再び両辺の逆数をとると

$\dfrac{3}{2} = a + \dfrac{1}{b}$ $a + \dfrac{1}{b} = 1 + \dfrac{1}{2}$

a,b は自然数であるから $a=1$,$b=2$

トップコーチ

分子,分母がさらに分数を含むような分数を繁分数(はんぶんすう)という。
また,分母が整数と分数の和であり,さらにその分母が整数と分数の和であるといった形のものを連分数という。

▶**7** (1) ① 6 ② 9
   (2) 9 (3) 2 (4) 2

解説 (1) ① $6^2=36$, $6^3=216$, …
のように，6を何乗しても一の位の数は6になる。
② $7^2=49$, $7^3=343$, $7^4=2401$ より，一の位の数は 7→9→3→1 のくり返しである。
$2006÷4=501$ 余り 2
$7^{2006}=7^{2004}×7^2=7^{2004}×49$
7^{2004} の一の位の数は 1 であるから，7^{2006} の一の位の数は 9 である。

(2) $3^2=9$, $3^3=27$, $3^4=81$ より，一の位の数は 3→9→7→1 のくり返しである。
$2006÷4=501$ 余り 2
$23^{2006}=23^{2004}×23^2$
23^{2004} の一の位の数は 1，23^2 の一の位の数は 9 であるから，23^{2006} の一の位の数は 9 である。

(3) $\dfrac{9}{37}=0.243243\cdots$

```
       0.243
  37)9.0
     7 4
     1 60
     1 48
       120
       111
         9
```

$2005÷3=668$ 余り 1 より，小数第 2005 位は小数点以下で 243 を 668 回くり返したあとの 1 番目であるから，その数は 2 となる。

(4) $\dfrac{2}{7}=0.285714285714\cdots$

```
       0.285714
   7)2.0
     1 4
       60
       56
        40
        35
         50
         49
          10
           7
           30
           28
            2
```

$2005÷6=334$ 余り 1 より，小数第 2005 位は小数点以下で 285714 を 334 回くり返したあとの 1 番目であるから，その数は 2 である。

▶**8** (1) 4 個 (2) 247

解説 (1) 1, 3, 7, 9 の 4 個である。
(2) $99÷4=24$ 余り 3
一の位の数は 1→3→7→9 のくり返しである。これを 24 回くり返したあとの 3 番目が 99 番目となる。
求める数は 3 けたで，上 2 けたが 24，下 1 けたは 7 であるから，247 となる。

▶**9** (1) b, $-a$, a, $-b$
   (2) ウ，カ (3) ア

解説 (1) $a+b<0$ より $a-(-b)<0$
$b<0$ より $-b>0$
よって，正の数のひき算で差が負になるから，$-b$ の絶対値は a の絶対値よりも大きい。これより $a<-b$
$b<0$, $-a<0$ で，負の数は絶対値が大きいほど小さくなるから $b<-a$
したがって，小さい順に並べると
b, $-a$, a, $-b$

(2) ア $a>0$, $b<0$ より $a×b<0$
イ $b<0$ より $-b>0$ で，$-b$ の絶対値は b の絶対値と等しく，a の絶対値より大きいから
$a+b=a-(-b)<0$
ウ 2つの正の数の和は正となるから
$a-b=a+(-b)>0$
エ $-a+b=-(a-b)<0$
オ $a^2>0$, $b^2>0$ で，b の絶対値の方が a の絶対値より大きいから $a^2<b^2$
つまり $a^2-b^2<0$
カ $-a-b=-(a+b)>0$
以上より，式の値が正となるのは
ウ $a-b$，カ $-a-b$ である。

(3) $b<0$ より $-b>0$
 イ $a-b=a+(-b)>0$　　ウ $a\times b<0$
 アについて，$a=3$，$b=-2$ のときは
 $a+b=3+(-2)=3-2=1>0$
 $a=2$，$b=-3$ のとき
 $a+b=2+(-3)=2-3=-1<0$
 よって，ア $a+b$ は正にも負にもなるが，
 イ $a-b$ は正，ウ $a\times b$ は負になる。

トップコーチ
負の数の大小は，絶対値で比較する。絶対値が大きいほど小さく，絶対値が小さいほど大きい。

▶**10** (1) ア，ウ，イ，オ，エ
　　(2) $a<0$，$b>0$，$c>0$，$d>0$，$e>0$
　　　または，$a<0$，$b<0$，$c<0$，$d<0$，$e<0$
　　(3) ① g　② e　③ d　④ f

解説 (1) $0<a<b<1$ である。
2つの正の数の積について，一方の数を大きくして得られる積は，もとの積より大きいから
$a\times a<a\times b<b\times b<1\times b$
つまり $a^2<a\times b<b^2<b$　…①
また，正の数の逆数については，大きい数の逆数の方が小さい数の逆数より小さくなるから $a<b<1$ より $\dfrac{1}{a}>\dfrac{1}{b}>1$　…②
①，②より
$a^2<a\times b<b^2<b<1<\dfrac{1}{b}<\dfrac{1}{a}$
よって，小さい順に記号で並べると
ア，ウ，イ，オ，エ
(2) $a\times b\times c\times d\times e<0$　…①
$a\times c\times e<0$　…②
$d\times e>0$　…③

$a<b<c<d$　…④
$e>0$ のとき
③より $d>0$
②より $a\times c<0$
a と c は異符号で，④より $a<c$ であるから $a<0$，$c>0$
a は負，c，d，e は正であるから，①より $b>0$
よって $a<0$，$b>0$，$c>0$，$d>0$，$e>0$
また，$e<0$ のとき
③より $d<0$
④より $a<b<c<d<0$
よって，a，b，c，d，e はすべて負となる。
これは①，②も満たす。
よって $a<0$，$b<0$，$c<0$，$d<0$，$e<0$
(3) ① 例えば，$A=2$，$B=3$ のとき
$A<B$ かつ $A+B>0$ は成り立つ。
また，$A=-2$，$B=3$ のときも
$A<B$ かつ $A+B>0$ は成り立つ。
よって，判定できないから，g である。
② $A\times B>0$ より，A と B は同符号である。
これと，$A+B<0$ より，A，B はともに負である。よって，$A<0$，$B<0$ となるから，e である。
③ $A\times B<0$ より，A と B は異符号である。
$A>0$ のとき，$B<0$，$-B>0$ となり
$A-B=A+(-B)>0$
これは，$A-B<0$ を満たさない。
$A<0$ のとき，$B>0$ となり
$A-B<0$ を満たす。
よって，d である。
④ $A-B=0$ より $A=B$
$A\times B\leqq 0$ に代入して $A^2\leqq 0$
2乗して0以下となる数は0だけであるから $A=0$
よって，$A=0$，$B=0$ となるから，f である。

▶**11** (1) ① $a+b=13$ ② $f=4$
(2) ア -3 イ -4 ウ 0
    エ -6 オ 5 カ -2
    キ 1 ク -5

解説 (1) ① 1から9までの自然数の和
は $1+2+3+4+5+6+7+8+9=45$
縦3列分で45であるから，1列では
$45÷3=15$
$a+b+2=15$ より $a+b=13$
② $8+c+2=15$ より $c=5$
$1+c+d=15$ より $d=15-1-5=9$
$2+d+f=15$ より $f=15-2-9=4$

(2) 表の中の数で最大のものは6，最小のものは -9 である。-9 から6までの整数の個数は
$9+1+6=16$ (個)
よって，表に入る整数は，-9 から6までの整数である。横4列分の整数の和は
$-9+(-8)+(-7)+(-6)+(-5)+(-4)$
$\quad +(-3)+(-2)+(-1)+0+1+2+3$
$\quad +4+5+6$
$=-9+(-8)+(-7)=-24$
横1列分の整数の和は $-24÷4=-6$
$-8+3+2+ア=-6$ より $-3+ア=-6$
$ア=-6+3=-3$
$6-7+イ-1=-6$ より $イ-2=-6$
$イ=-6+2=-4$
$ア-9+ウ+6=-6$ より $ウ-6=-6$
$ウ=-6+6=0$
$ア+4+エ-1=-6$ より $エ=-6$
$2-9+オ+イ=-6$ より $オ-11=-6$
$オ=-6+11=5$
$3+カ+ウ-7=-6$ より $カ-4=-6$
$カ=-6+4=-2$
$キ+カ-9+4=-6$ より $キ-7=-6$
$キ=-6+7=1$

$-8+キ+ク+6=-6$ より $ク-1=-6$
$ク=-6+1=-5$

▶**12** (1) ① $\dfrac{4}{5}$ ② $\dfrac{1}{90}$

(2) ① $x=\dfrac{1}{15}$，$y=\dfrac{1}{35}$

　　② $a=\dfrac{8}{17}$

解説 (1) ① $\dfrac{1}{1×2}+\dfrac{1}{2×3}+\dfrac{1}{3×4}+\dfrac{1}{4×5}$
$=\left(\dfrac{1}{1}-\dfrac{1}{2}\right)+\left(\dfrac{1}{2}-\dfrac{1}{3}\right)+\left(\dfrac{1}{3}-\dfrac{1}{4}\right)+\left(\dfrac{1}{4}-\dfrac{1}{5}\right)$
$=1-\dfrac{1}{5}=\dfrac{4}{5}$
　この変形方法は知っておく。

② $\dfrac{1}{5×6×7}+\dfrac{1}{6×7×8}+\dfrac{1}{7×8×9}+\dfrac{1}{8×9×10}$
$=\dfrac{1}{2}\left(\dfrac{1}{5×6}-\dfrac{1}{6×7}\right)+\dfrac{1}{2}\left(\dfrac{1}{6×7}-\dfrac{1}{7×8}\right)$
$\quad +\dfrac{1}{2}\left(\dfrac{1}{7×8}-\dfrac{1}{8×9}\right)+\dfrac{1}{2}\left(\dfrac{1}{8×9}-\dfrac{1}{9×10}\right)$
　この変形方法も知っておく。
$=\dfrac{1}{2}\left(\dfrac{1}{5×6}-\dfrac{1}{9×10}\right)$
$=\dfrac{1}{2}\left(\dfrac{1}{30}-\dfrac{1}{90}\right)=\dfrac{1}{2}\left(\dfrac{3}{90}-\dfrac{1}{90}\right)$
$=\dfrac{1}{2}×\dfrac{2}{90}=\dfrac{1}{90}$

(2) ① $x=\dfrac{1}{2}\left(\dfrac{1}{3}-\dfrac{1}{5}\right)=\dfrac{1}{2}×\dfrac{2}{15}=\dfrac{1}{15}$
$y=\dfrac{1}{2}\left(\dfrac{1}{5}-\dfrac{1}{7}\right)=\dfrac{1}{2}×\dfrac{2}{35}=\dfrac{1}{35}$

② $a=\dfrac{1}{2}\left(\dfrac{1}{1}-\dfrac{1}{3}\right)+\dfrac{1}{2}\left(\dfrac{1}{3}-\dfrac{1}{5}\right)$
$\quad +\dfrac{1}{2}\left(\dfrac{1}{5}-\dfrac{1}{7}\right)+\dfrac{1}{2}\left(\dfrac{1}{7}-\dfrac{1}{9}\right)$
$\quad +\dfrac{1}{2}\left(\dfrac{1}{9}-\dfrac{1}{11}\right)+\dfrac{1}{2}\left(\dfrac{1}{11}-\dfrac{1}{13}\right)$
$\quad +\dfrac{1}{2}\left(\dfrac{1}{13}-\dfrac{1}{15}\right)+\dfrac{1}{2}\left(\dfrac{1}{15}-\dfrac{1}{17}\right)$
$=\dfrac{1}{2}\left(1-\dfrac{1}{17}\right)=\dfrac{1}{2}×\dfrac{16}{17}=\dfrac{8}{17}$

▶**13**　5，14，15，32

解説　最後に1になる直前は，2で割って1になるから，2である。
2になる直前は，1をたして2になる場合は1であるが，1になったときに計算は終わっているから，適さない。2で割って2になる場合だけであるから，2になる直前は4である。同じようにして，計算回数が5回になるところまでさかのぼる。

$$1 \longrightarrow 2 \longrightarrow 4 \begin{cases} 8 \begin{cases} 16 \begin{cases} 32 \\ 15 \end{cases} \\ 7 \longrightarrow 14 \end{cases} \\ 3 \longrightarrow 6 \begin{cases} 12 \\ 5 \end{cases} \end{cases}$$

12の場合を除いて，5，14，15，32の4個である。

▶**14**　E，A，D，F，B，C

解説　Fを基準，つまり0と考えると，AはFより4つ上であるから　$A=4$
AとBは5つ違いより$B=9$または，-1であるが，BとFは1つ違いであるから，$B=-1$となる。
BとCは3つ違いより　$C=2$または，-4であるがCとDは6つ違いで，EはDより3つ上であるから，考えられるのは次の4つの場合である。

$C=2 \begin{cases} D=8 \longrightarrow E=11 \\ D=-4 \longrightarrow E=-1 \end{cases}$

$C=-4 \begin{cases} D=2 \longrightarrow E=5 \\ D=-10 \longrightarrow E=-7 \end{cases}$

このうち，AとEが1つ違いとなるのは，$C=-4$，$D=2$，$E=5$ の場合だけである。
よって，$A=4$，$B=-1$，$C=-4$，$D=2$，$E=5$，$F=0$ であるから，年齢の高い方から順に並べると，E，A，D，F，B，Cとなる。

▶**15**　(1)　18枚　　(2)　480枚

解説　(1)　偶数番目の場合は白と黒のタイルの枚数は等しいから，6番目の図の白のタイルの枚数は
$6 \times 6 \div 2 = 18$（枚）
(2)　奇数番目の場合は，白の方が黒より1枚多いから，31番目の図の黒のタイルの枚数は
$(31 \times 31 - 1) \div 2 = (961 - 1) \div 2$
$= 960 \div 2 = 480$（枚）

▶**16**　(1)　21　　(2)　$a=9$
(3)　$b=7$

解説　(1)　n グループの最後の数は，1から n までの自然数の和に等しい。よって，6グループの最後の数は
$1+2+3+4+5+6=21$
(2)　$21+7+8+9=45$ であるから，45は9グループの最後の数である。
よって　$a=9$
(3)　5グループの数の和は
$11+12+13+14+15=65$
6グループの数の和は
$16+17+18+19+20+21=111$
7グループの数の和は
$22+23+24+25+26+27+28=175$
よって　$b=7$

トップコーチ

1から n までの自然数の和は　$\dfrac{n \times (n+1)}{2}$
また，初項 a，末項 ℓ，項数 n の等差数列の和は，$\dfrac{n \times (a+\ell)}{2}$　で表される。
これは高等学校の"数列"で学習する。

▶**17** (1) $C=1$ (2) $A+B=11$

解説 (1) 2つの2けたの数の和が3けたとなるとき,和の百の位の数は1であるから $C=1$
(2) 2つの正の1けたの数の和で,一の位の数が1となるとき,その和は11であるから $A+B=11$

▶**18** (1) $+15.4$ (2) **21.3cm**

解説 (1) $161.3-158.6=2.7$ より
$(6.8-5.9+0+\square-2.8)\div 5=2.7$
$\square-1.9=13.5$
$\square=13.5+1.9=15.4$
(2) 最も高いのは D,最も低いのは B で,その差は
$15.4-(-5.9)=15.4+5.9=21.3$(cm)

▶**19** (1) **1回** (2) **15点**

解説 (1) 太郎君の勝った回数と得点は,次の表のようになるから,−1点となるのは,1回勝ったときである。

勝った回数	0	1	2	3
得 点	−6	−1	4	9

(2) 1回のじゃんけんで,2人の得点の和は
$(+3)+(-2)=1$ より,1点増える。
15回のじゃんけんのあと,2人の得点の和は15点となる。太郎君が0点であるから,花子さんは15点である。

▶**20** (1) **B** (2) **G**
　　(3) **EとG,FとH** (4) **なし**

解説 (1) 　　F　　G
　　　$1 \longrightarrow 3 \longrightarrow 2$
　　　$2 \longrightarrow 2 \longrightarrow 1$
　　　$3 \longrightarrow 1 \longrightarrow 4$
　　　$4 \longrightarrow 4 \longrightarrow 3$
よって　$F*G=B$

(2) 　　E　　X　　　よって,Xの対応は
　　$1 \longrightarrow 2 \longrightarrow 1$　　　$1 \longrightarrow 4$
　　$2 \longrightarrow 3 \longrightarrow 2$　　　$2 \longrightarrow 1$
　　$3 \longrightarrow 4 \longrightarrow 3$　　　$3 \longrightarrow 2$
　　$4 \longrightarrow 1 \longrightarrow 4$　　　$4 \longrightarrow 3$
これは規則 G である。

(3) まず,1がどの整数と対応するか考える。

XとY	X*Y	Y*X
E, F	2	4
E, G	1	1
E, H	4	2
F, G	2	4
F, H	3	3
G, H	2	4

EとG,FとH について考える。
　　E　　G　　　　　G　　E
　$1 \longrightarrow 2 \longrightarrow 1$　　$1 \longrightarrow 4 \longrightarrow 1$
　$2 \longrightarrow 3 \longrightarrow 2$　　$2 \longrightarrow 1 \longrightarrow 2$
　$3 \longrightarrow 4 \longrightarrow 3$　　$3 \longrightarrow 2 \longrightarrow 3$
　$4 \longrightarrow 1 \longrightarrow 4$　　$4 \longrightarrow 3 \longrightarrow 4$
よって　$E*G=G*E$
　　F　　H　　　　　H　　F
　$1 \longrightarrow 3 \longrightarrow 3$　　$1 \longrightarrow 1 \longrightarrow 3$
　$2 \longrightarrow 2 \longrightarrow 4$　　$2 \longrightarrow 4 \longrightarrow 4$
　$3 \longrightarrow 1 \longrightarrow 1$　　$3 \longrightarrow 3 \longrightarrow 1$
　$4 \longrightarrow 4 \longrightarrow 2$　　$4 \longrightarrow 2 \longrightarrow 2$
よって　$F*H=H*F$

(4) A は,同じ整数を対応させるから
$A*X=X*A=X$
よって,X が A,B,C,D のどれであっても,$A*X$,$X*A$ は X と一致する。
B,C,D について,次のようになる。
$B*B=A$,$B*C=D$,$B*D=C$
$C*B=D$,$C*C=A$,$C*D=B$
$D*B=C$,$D*C=B$,$D*D=A$
よって,$X*Y$ が A,B,C,D のどれとも一致しないことはない。

▶**21** (1) 6行9列　　(2) 906

解説　(1) 1行目に並ぶ数は自然数の和で，
$1+2+\cdots+13=91$，$1+2+\cdots+14=105$
より，1行13列は91，1行14列は105
である。14行1列は92で，$100-92=8$
であるから
行は　$14-8=6$　　列は　$1+8=9$
つまり，100は6行9列にある。

(2) $1+2+\cdots+11=66$ より，1
行11列は66，
12行1列は67
である。
5行8列の数は，
$8-1=7$ より，
67より7大き
い数であるから　$67+7=74$
同じようにして，100のまわりの数を求め
ると，上のようになる。よって，求める和
は
$74+86+87+99+100+101$
$\qquad\qquad\qquad+114+115+130$
$=906$

	8列	9列	10列
5行	74	87	101
6行	86	100	115
7行	99	114	130

▶**22** (1) ア 45　イ 45　ウ 45
　　　　エ 45　オ 45　カ 225
(2) 1600　　(3) 14400

解説　(1) $9\times5=45$　…ア
$10\times4+5=45$　…イ
$11\times3+6\times2=33+12=45$　…ウ
$12\times2+7\times3=24+21=45$　…エ
$13+8\times4=13+32=45$　…オ
$45\times5=225$　…カ

(2) 左上と右下を結ぶ対角線上にある10個
の16を合計すると，160になる。
(1)と同様にして，
$17\times9+7=153+7=160$
$18\times8+8\times2=144+16=160$
　　……
$25+15\times9=25+135=160$
160が10個できるから，全部の合計は
$160\times10=1600$

(3) $25-24+1=2$，$25+24-1=48$ より，
左下の数は2，右上の数は48である。
$25\times24=600$
$26\times23+2=598+2=600$
$27\times22+3\times2=594+6=600$
　　……
$48+24\times23=48+552=600$
600が24個できるから，全部の合計は
$600\times24=14400$

（別解） i行j列の数とj行i列の数の平
均は25になる。全部の合計は，25が横
24マス，縦24マスすべてに並んでいると
考えて
$25\times24\times24=600\times24=14400$

第1回 実力テスト

1 (1) $\dfrac{8}{3}$ (2) 64 (3) -20

(4) 3 (5) $\dfrac{3}{16}$ (6) $\dfrac{5}{12}$

(7) $-\dfrac{41}{6}$ (8) $\dfrac{16}{15}$ (9) $\dfrac{177}{625}$

(10) -2

解説 (1) $(-2)^2+\left(-\dfrac{3}{2}\right)\div\dfrac{9}{8}$

$=4+\left(-\dfrac{3}{2}\right)\times\dfrac{8}{9}=4+\left(-\dfrac{4}{3}\right)$

$=\dfrac{12}{3}-\dfrac{4}{3}=\dfrac{8}{3}$

(2) $-3^2\times\left(\dfrac{2}{3}\right)^3\div\left(-\dfrac{1}{6}\right)\times(-2)^2$

$=-9\times\dfrac{8}{27}\times(-6)\times 4=64$

(3) $(-2)^3\times 3+\{7-(3-4)\}\div 2$

$=-8\times 3+\{7-(-1)\}\div 2$

$=-24+8\div 2=-24+4=-20$

(4) $\{2-(-3)\}\times 4-(-3)^4\div\dfrac{9}{2}+1$

$=5\times 4-81\times\dfrac{2}{9}+1$

$=20-18+1=3$

(5) $\left(-\dfrac{3}{2}\right)^2\div(-4.5)\times\left(\dfrac{5}{12}-\dfrac{5}{8}-\dfrac{1}{6}\right)$

$=\dfrac{9}{4}\div\left(-\dfrac{9}{2}\right)\times\dfrac{10-15-4}{24}$

$=\dfrac{9}{4}\times\left(-\dfrac{2}{9}\right)\times\left(-\dfrac{9}{24}\right)=\dfrac{3}{16}$

(6) $2\dfrac{1}{3}-0.75\div\dfrac{3}{5}+\left(-\dfrac{2}{3}\right)^3\times\left(-\dfrac{3}{2}\right)^2$

$=\dfrac{7}{3}-\dfrac{3}{4}\times\dfrac{5}{3}+\left(-\dfrac{8}{27}\right)\times\dfrac{9}{4}$

$=\dfrac{7}{3}-\dfrac{5}{4}-\dfrac{2}{3}=\dfrac{5}{3}-\dfrac{5}{4}=\dfrac{20}{12}-\dfrac{15}{12}=\dfrac{5}{12}$

(7) $-\dfrac{2^2}{5}\times 1\dfrac{2}{3}+\left\{0.75-3^2\div\left(-1\dfrac{1}{5}\right)^2\right\}$

$=-\dfrac{4}{5}\times\dfrac{5}{3}+\left\{\dfrac{3}{4}-9\div\left(-\dfrac{6}{5}\right)^2\right\}$

$=-\dfrac{4}{3}+\left(\dfrac{3}{4}-9\times\dfrac{25}{36}\right)$

$=-\dfrac{4}{3}+\left(\dfrac{3}{4}-\dfrac{25}{4}\right)$

$=-\dfrac{4}{3}-\dfrac{11}{2}=-\dfrac{8}{6}-\dfrac{33}{6}=-\dfrac{41}{6}$

(8) $\dfrac{1}{3}\times 1.2-\left(1.75-2\dfrac{3}{4}\right)\div\dfrac{3}{2}$

$=\dfrac{1}{3}\times\dfrac{6}{5}-\left(\dfrac{7}{4}-\dfrac{11}{4}\right)\times\dfrac{2}{3}$

$=\dfrac{2}{5}-(-1)\times\dfrac{2}{3}=\dfrac{6}{15}+\dfrac{10}{15}=\dfrac{16}{15}$

(9) $\dfrac{9}{25}-(-2)^4\div 5^2\times\dfrac{3}{25}$

$=\dfrac{9}{25}-16\times\dfrac{1}{25}\times\dfrac{3}{25}$

$=\dfrac{225}{625}-\dfrac{48}{625}=\dfrac{177}{625}$

(10) $\left\{-12-(-2)^2\div\left(-\dfrac{2}{3}\right)^3\right\}$

$\qquad-\left\{\dfrac{17}{8}\div 1.25-5\times(-0.6^2)\right\}$

$=\left\{-12-4\times\left(-\dfrac{27}{8}\right)\right\}$

$\qquad-\left\{\dfrac{17}{8}\div\dfrac{5}{4}-5\times\left(-\dfrac{9}{25}\right)\right\}$

$=\left(-\dfrac{24}{2}+\dfrac{27}{2}\right)-\left(\dfrac{17}{8}\times\dfrac{4}{5}+\dfrac{9}{5}\right)$

$=\dfrac{3}{2}-\left(\dfrac{17}{10}+\dfrac{18}{10}\right)=\dfrac{3}{2}-\dfrac{35}{10}$

$=\dfrac{3}{2}-\dfrac{7}{2}=-\dfrac{4}{2}=-2$

2 (1) **157.5cm（求め方は解説参照）**
　　(2) **4**

解説 (1) 155.1cm を基準としたとき，5人の身長と基準との差の合計は
$(155.1-155.1)\times3+(161.1-155.1)\times2$
$=0\times3+6\times2=12$
その平均は　$12\div5=2.4$
よって，5人の身長の平均は
$155.1+2.4=157.5$(cm)

(2) 縦，横，斜めに並ぶ3つの数の和は
$5+2+(-1)=6$
ア$+2+6=6$ より　ア$+8=6$
ア$=6-8=-2$
$5+$ア$+$イ$=6$ より　$3+$イ$=6$
イ$=6-3=3$
イ$+$エ$+(-1)=6$ より　$2+$エ$=6$
エ$=6-2=4$

3 (1) **56**　(2) **127番目**

解説 (1) 6^2 から 6^{2006} まで，下2けたの数は，36→16→96→76→56 のくり返しである。
$2006\div5=401$ 余り 1
最初は 6 で，その後 36→16→96→76→56 を 401 回くり返すと 6^{2006} の下2けたの数となるから，2006^{2006} の下2けたの数は 56 である。

(2) 1けたは，2 だけの 1 通り。
2けたは，十の位が 2 の 1 通り，一の位は 1 と 2 の 2 通りであるから
$1\times2=2$(通り)
3けたは，百の位が 2 の 1 通り，十の位，一の位はそれぞれ 1 と 2 の 2 通りずつあるから

$1\times2\times2=4$(通り)
以下，同じようにして，4けたは
$1\times2^3=8$(通り)
5けたは　$1\times2^4=16$(通り)
6けたは　$1\times2^5=32$(通り)
7けたは　$1\times2^6=64$(通り)
2222222 は 7 けたの数のうち，最後のものであるから，この数の列の
$1+2+4+8+16+32+64=127$(番目)

4　**ウ，オ**

解説 $a<0$ のとき，$a+5$ と $a+2$ は正の場合と負の場合があるから，ア，イ，エは a の値によって符号が変わる。
$a-5<0$，$a-2<0$ であるから
$(a-5)(a-2)>0$
よって，ウの式は符号が変わらない。
$(a-5)^2>0$，$2>0$ であるから
$(a-5)^2+2>0$
よって，オの式は符号が変わらない。
カは，$a=-1$ のとき　$(a+5)^2-2=14>0$
　　　$a=-5$ のとき　$(a+5)^2-2=-2<0$
よって，符号が変わる。
以上より，符号が変わらないのはウとオである。

5 (1) 20　　(2) 6通り　　(3) 13通り

解説 (1) 正の方向で最も遠くへ動くのは，6が3回，1が2回出たときで，その位置は　$6 \times 3 - 1 \times 2 = 16$
負の方向で最も遠くへ動くのは，2が3回，5が2回出たときで，その位置は
$2 \times 3 - 5 \times 2 = -4$
よって，求める距離は
$16 - (-4) = 16 + 4 = 20$

(2)
```
       2 ─ 1 ─ 3
         ┌ 1 ─ 5
  2 ─ 4 ─┤
         └ 3 ─ 3
       6 ─ 3 ─ 5
       ┌ 4 ─ 3 ─ 5
  4 ───┤
       └ 6 ─ 5 ─ 5
```
以上，6通りである。

(3) 2回目は必ず6でなければならない。このとき，点Pの座標は1である。3回目から6回目までで，1から4までの目が出て，そのうち，Pの座標が負にならないのは，次の場合である。

```
       2 ─ 4 ─ 3
        ┌ 2 ─ 3
  1 ─ 4─┤
        └ 3 ─ 2
       1 ─ 4 ─ 3
       3 ─ 4 ─ 1
  2 ───┤
       ┌ 1 ─ 3
       4─┤
       └ 3 ─ 1
       ┌ 2 ─ 3
   1 ──┤
       └ 3 ─ 2
       ┌ 1 ─ 3
  4 ─ 2─┤
       └ 3 ─ 1
       ┌ 1 ─ 2
   3 ──┤
       └ 2 ─ 1
```
以上，13通りである。

2　文字と式

▶**23** (1) $2y$　　(2) $\dfrac{7}{6}$

(3) $x + \dfrac{1}{12}y$　　(4) $\dfrac{x+y}{6}$

(5) $-\dfrac{1}{2}$　　(6) $\dfrac{-a+5b}{3}$

(7) $\dfrac{9x-13y}{15}$　　(8) $86a - 65b$

解説 (1) $2x + 8y - 2\{3x - (2x - 3y)\}$
$= 2x + 8y - 2(3x - 2x + 3y)$
$= 2x + 8y - 2(x + 3y)$
$= 2x + 8y - 2x - 6y = 2y$

(2) $\dfrac{1}{3}(2x+5) - \dfrac{1}{6}(4x+3)$

$= \dfrac{2(2x+5) - (4x+3)}{6}$

$= \dfrac{4x + 10 - 4x - 3}{6} = \dfrac{7}{6}$

(3) $4x - \dfrac{2}{3}y - 3\left(x - \dfrac{1}{4}y\right)$

$= 4x - \dfrac{2}{3}y - 3x + \dfrac{3}{4}y$

$= x - \dfrac{8}{12}y + \dfrac{9}{12}y = x + \dfrac{1}{12}y$

(4) $\dfrac{5x-y}{3} - \dfrac{x-7y}{2} - x - 3y$

$= \dfrac{2(5x-y) - 3(x-7y) - 6x - 18y}{6}$

$= \dfrac{10x - 2y - 3x + 21y - 6x - 18y}{6} = \dfrac{x+y}{6}$

(5) $\dfrac{2x+3}{3} - \dfrac{3x-1}{2} - \dfrac{12-5x}{6}$

$= \dfrac{2(2x+3) - 3(3x-1) - (12-5x)}{6}$

$= \dfrac{4x + 6 - 9x + 3 - 12 + 5x}{6}$

$= \dfrac{-3}{6} = -\dfrac{1}{2}$

(6) $\dfrac{a+3b}{2}-\dfrac{4a-b}{3}-\dfrac{b-3a}{6}$

$=\dfrac{3(a+3b)-2(4a-b)-(b-3a)}{6}$

$=\dfrac{3a+9b-8a+2b-b+3a}{6}$

$=\dfrac{-2a+10b}{6}=\dfrac{-a+5b}{3}$

(7) $\dfrac{1}{3}(3x-5y)-\dfrac{2}{5}(x-2y)$

$=\dfrac{5(3x-5y)-6(x-2y)}{15}$

$=\dfrac{15x-25y-6x+12y}{15}$

$=\dfrac{9x-13y}{15}$

(8) $-3\{7b-9a-6(3a-2b)\}-(8b-5a)$

$=-3(7b-9a-18a+12b)-8b+5a$

$=-3(-27a+19b)-8b+5a$

$=81a-57b-8b+5a$

$=86a-65b$

▶**24** (1) -5 (2) 2

(3) $6x-\dfrac{55}{12}$ (4) $2x+1$

(5) 8

解説 (1) $2(5a-2b)-3(3a-b)$

$=10a-4b-9a+3b=a-b$

$=-2-3=-5$

(2) $\dfrac{5}{6}a-\dfrac{1}{3}b-\left(\dfrac{1}{3}a-\dfrac{1}{2}b\right)$

$=\dfrac{5}{6}a-\dfrac{2}{6}b-\dfrac{2}{6}a+\dfrac{3}{6}b=\dfrac{3a+b}{6}$

$=\dfrac{3\times 2+6}{6}=\dfrac{12}{6}=2$

(3) $\dfrac{2}{3}A-\dfrac{1}{2}B+\dfrac{3}{4}C$

$=\dfrac{2}{3}(3x+1)-\dfrac{1}{2}(-2x+3)+\dfrac{3}{4}(4x-5)$

$=2x+\dfrac{2}{3}+x-\dfrac{3}{2}+3x-\dfrac{15}{4}$

$=6x-\dfrac{55}{12}$

(4) $3(A-2B)-2(A+C)$

$=3A-6B-2A-2C=A-6B-2C$

$=(2x+2y+1)-6\left(-x+y-\dfrac{1}{2}\right)$

$\qquad\qquad\qquad -2\left(3x-2y+\dfrac{3}{2}\right)$

$=2x+2y+1+6x-6y+3-6x+4y-3$

$=2x+1$

(5) $4A+C-\{A-2(B+3C)+B\}$

$=4A+C-(A-2B-6C+B)$

$=4A+C-(A-B-6C)$

$=4A+C-A+B+6C$

$=3A+B+7C$

$=3(2x-3y-1)+(x+2y-3)$

$\qquad\qquad\qquad +7(-x+y+2)$

$=6x-9y-3+x+2y-3-7x+7y+14$

$=8$

トップコーチ

(5)は ( )→{ } の順に計算をするが, { }→( ) の順に計算をしてもよい。

$\quad 4A+C-\{A-2(B+3C)+B\}$

$=4A+C-A+2(B+3C)-B$

$=4A+C-A+2B+6C-B$

$=3A+B+7C$

▶**25** $C=7x+16y-12z$

解説 $A-3B-C=-2x+5z$ より
$C=A-3B-(-2x+5z)$
$=(2x-5y-z)-3(-x-7y+2z)+2x-5z$
$=2x-5y-z+3x+21y-6z+2x-5z$
$=7x+16y-12z$

▶**26** (1) $(27n+3)$cm (2) $x=48b+17$
(3) $\dfrac{x-y}{3}$ 脚

解説 (1) 6本つなぐとき，のりしろは5か所であるから，のりしろの長さは
$(30\times 6-165)\div 5=15\div 5=3$(cm)
n本つなぐとき，のりしろは$(n-1)$か所であるから，n本つないだときの長さは
$30n-3(n-1)=30n-3n+3$
$=27n+3$(cm)

(2) $x=12a+5$ に，$a=4b+1$ を代入して
$x=12(4b+1)+5=48b+12+5$
$=48b+17$
よって $x=48b+17$

(3) その他の長いすの数は $\dfrac{x-4y}{3}$ 脚
よって，長いすの数は全部で
$y+\dfrac{x-4y}{3}=\dfrac{3y+(x-4y)}{3}=\dfrac{x-y}{3}$ (脚)

トップコーチ
(1)は，はじめの1本のテープに，次々とテープをつないでいくと，27cmずつ長くなっていく。よって，n本つないだときの全体の長さは
$\quad 30+27(n-1)$
$\quad =27n+3$
これは，高等学校での数学の等差数列の考え方を使ったものである。

▶**27** (1) $y=\dfrac{4}{15}x$
(2) $x=11700-1170p$
(3) $1.4a-0.14ax<3000$

解説 (1) 1日目で残ったのは，全体の
$1-\dfrac{1}{3}=\dfrac{2}{3}$
次の日に読んだ残りは，1日目の残りの
$1-\dfrac{3}{5}=\dfrac{2}{5}$ であるから残っているのは，全体の
$\dfrac{2}{3}\times\dfrac{2}{5}=\dfrac{4}{15}$
したがって，残りのページ数yは
$y=\dfrac{4}{15}x$(ページ)

(2) 女性の人数は全体の $1-\dfrac{p}{10}$ であるから
$18000\times\left(1-\dfrac{p}{10}\right)=18000-1800p$(人)
この65%が投票したから，その人数は
$(18000-1800p)\times\dfrac{65}{100}=11700-1170p$(人)
よって $x=11700-1170p$

(3) 定価は $a\times(1+0.4)=1.4a$(円)
このx割引きが売値であるから
$1.4a(1-0.1x)=1.4a-0.14ax$(円)
よって $1.4a-0.14ax<3000$

▶**28** (1) $(30x-180)$m (2) $(48x-180)$m

解説 (1) 30秒間に，列車は鉄橋Aの長さと列車の長さの和だけ進むから，鉄橋Aの長さは $x\times 30-180=30x-180$(m)

(2) 列車の速さは毎秒$2x$mであるから，(1)と同様にして，鉄橋Bの長さは
$2x\times 24-180=48x-180$(m)

▶**29** (1) $\ell=22r-22a$
　　 (2) $\ell=18r+18b$

解説 (1) 列車とA君は同じ方向へ進んでいるから，22秒間に列車が進んだ距離からA君が進んだ距離を引くと，列車の長さとなる。よって $\ell=22r-22a$
(2) 列車とB君は反対方向へ進んでいるから，18秒間に列車が進んだ距離とB君が進んだ距離の和が列車の長さとなる。よって $\ell=18r+18b$

▶**30** (1) $\dfrac{100(2a+b)}{b+100}$ %
　　 (2) $X\cdots\left(\dfrac{7}{10}a+\dfrac{3}{5}b+\dfrac{2}{5}c\right)$g,
　　　　 $Y\cdots\left(\dfrac{3}{10}a+\dfrac{1}{2}c\right)$g,
　　　　 $Z\cdots\left(\dfrac{2}{5}b+\dfrac{1}{10}c\right)$g

解説 (1) できた食塩水の量は
$200+b-100=b+100$(g)
その中の食塩の量は
$200\times\dfrac{a}{100}+b=2a+b$(g)
よって，食塩水の濃度は
$\dfrac{2a+b}{b+100}\times100=\dfrac{100(2a+b)}{b+100}$(%)
(2) 合金A，B，Cに含まれる金属X，Y，Zの割合を表にまとめると，右のようになる。
これより，合金Dに含まれる金属Xの重さは
$a\times\dfrac{7}{10}+b\times\dfrac{3}{5}+c\times\dfrac{4}{10}$
$=\dfrac{7}{10}a+\dfrac{3}{5}b+\dfrac{2}{5}c$(g)

	X	Y	Z
A	$\dfrac{7}{10}$	$\dfrac{3}{10}$	
B	$\dfrac{3}{5}$		$\dfrac{2}{5}$
C	$\dfrac{4}{10}$	$\dfrac{5}{10}$	$\dfrac{1}{10}$

金属Yの重さは
$a\times\dfrac{3}{10}+c\times\dfrac{5}{10}=\dfrac{3}{10}a+\dfrac{1}{2}c$(g)
金属Zの重さは
$b\times\dfrac{2}{5}+c\times\dfrac{1}{10}=\dfrac{2}{5}b+\dfrac{1}{10}c$(g)

▶**31** (1) $16x$　 (2) $a=400$，$b=6400$

解説 (1)

		$16x$		
	$8x-4y$		$8x+4y$	
	$4x-4y$	$4x$	$4x+4y$	
$2x-3y$	$2x-y$		$2x+y$	$2x+3y$
$x-2y$	$x-y$	x	$x+y$	$x+2y$

よって $16x$
(2) (1)より，yの値に関係なく，中心のブロックの数xの16倍が4段上の中心のブロックの数$16x$となることがわかる。
よって $a=16\times25=400$
$b=16a=16\times400=6400$

▶**32** (1) ア 15　 イ 10　 ウ -6
　　 (2) 黒石を13個加えてできる
　　 (3) エ 10　 オ 45　 カ 55
　　 (4) 19番目

解説 (1) 4番目の形に黒石を9個加えると5番目の形ができるから，黒石の個数は $6+9=15$(個) …ア
白石の個数は4番目と同じで10個 …イ
黒石と白石の差は 1，-2，3，-4，5，…と，絶対値が1つずつ増えて，符号が奇数番目は $+$，偶数番目は $-$ になっているから，6番目の差は -6(個) …ウ
(2) 6番目の形に黒石を13個加えると，7番目の形ができる。
(3) n番目の黒石と白石の個数の和は $n\times n$(個)となっていて，黒石と白石の個数の和

が100個であるから，10×10＝100より 10番目 …エ
黒石から白石を引いたときの差は－10個であるから，黒石は10個少ないので
(100－10)÷2＝45(個)　　…オ
白石は　45＋10＝55(個)　…カ

(4) 黒石と白石の個数の和が400個であるから，20×20＝400より，20番目について考える。
白石は20個多いので
(400＋20)÷2＝210(個)
黒石は　210－20＝190(個)
黒石と白石はそれぞれ200個であるから，20番目の正方形の形を作ることはできない。19番目の正方形の形において，黒石の個数は20番目と同じで190個，白石の個数は黒石の個数より19個少ないので
190－19＝171(個)
よって，最も大きな正方形の形は19番目である。

▶**33** (1) 114本　(2) $(10n+14)$ 本

解説 (1) 1段目は　4×3＝12(本)
2段目だけを考えると　8×3＋4＝28(本)
1段目と重なっている3＋1＝4(本)を引いて，2段目までを組み立てるのに必要なマッチ棒の本数は
12＋28－4＝36(本)
3段目だけを考えると　8×5＋4＝44(本)
2段目と重なっている3×3＋1＝10(本)を引いて，3段目までを組み立てるのに必要なマッチ棒の本数は
36＋44－10＝70(本)
4段目だけを考えると　8×7＋4＝60(本)
3段目と重なっている3×5＋1＝16(本)を引いて，4段目までを組み立てるのに必要なマッチ棒の本数は
70＋60－16＝114(本)

(2) $(n+1)$ 段目だけを考えると，立方体が $(2n+1)$ 個できるから
$8×(2n+1)+4=16n+12$ (本)
n 段目と重なっている
$3×(2n-1)+1=6n-2$ (本)
を引いて
$16n+12-(6n-2)=10n+14$ (本)

▶**34** (1) 22個
　　(2) ア　4　イ　$4(n-1)$　ウ　$6n$
　　　　エ　$2(n-1)$
　　(3) $(4n+2)$ 個
　　(4) ① 63個
　　　　② 54個

解説 (1) 左端の2個をとめると，その後は4個ずつで1枚掲示することができるから，画びょうの数は
2＋4×5＝22(個)

(2) 1枚増えるごとに，画びょうは4個ずつ増えるから，アは4である。
n 枚の作品を掲示するとき，1枚のときより $(n-1)$ 枚多いから，増える画びょうの数は　$4(n-1)$ 個　…イ
また，重ねずに掲示すると，1枚につき6個の画びょうが必要であるから，画びょうの数は　$6n$ 個　…ウ
重ねて掲示すると，2個ずつ，$(n-1)$ か所の画びょうが不要になるから，少なくなるのは　$2(n-1)$ 個　…エ

(3) (2)より　$6+4(n-1)=4n+2$ (個)
(別解)　$6n-2(n-1)=4n+2$ (個)

(4) ① 10枚を横1列に並べるとき，画びょうの数は
$4\times 10+2=42$（個）
2列では，$42\times 2=84$（個）であるが，重なる部分の画びょうの数は
$2\times 10+1=21$（個）
であるから，求める画びょうの数は
$84-21=63$（個）

② 5枚ずつ4段の場合
$(4\times 5+2)\times 4-(2\times 5+1)\times 3$
$=88-33=55$（個）
4枚ずつ5段の場合
$(4\times 4+2)\times 5-(2\times 4+1)\times 4$
$=90-36=54$（個）
63，55，54 のうち，最も少なくなるときの個数は 54 個である。

▶**35** (1) ① ア 24　イ 9
　　② $b=a+6$　③ $6n$ 個
(2) 331 個　(3) $(3n^2+3n+1)$ 個

解説 (1) ① 順番の6倍が一番外側の碁石の個数になるから，
アは　$4\times 6=24$
イは　$54\div 6=9$
② 順番が1増えると，碁石は6個増えるから　$b=a+6$
③ 順番の6倍であるから　$6n$ 個
(2) $1+(1+2+3+\cdots +10)\times 6$
$=1+55\times 6=331$（個）
(3) $n\times n\times 3+n\times 3+1$
$=3n^2+3n+1$（個）

第2回 実力テスト

1 (1) $9x-4y$　　(2) $6x-8y-2$
(3) $12a-23b$　(4) $\dfrac{x+11y}{6}$
(5) $\dfrac{-7a+26b}{15}$　(6) $\dfrac{x-5y}{6}$
(7) $\dfrac{5x-2y}{6}$　(8) $7x-y$

解説 (1) $3(3x+y)-7y$
$=9x+3y-7y=9x-4y$
(2) $2(x-3)-4(2y-x-1)$
$=2x-6-8y+4x+4=6x-8y-2$
(3) $5b-3(-4a+8b)-4b$
$=5b+12a-24b-4b=12a-23b$
(4) $\dfrac{x+3y}{2}-\dfrac{x-y}{3}$
$=\dfrac{3(x+3y)-2(x-y)}{6}$
$=\dfrac{3x+9y-2x+2y}{6}$
$=\dfrac{x+11y}{6}$
(5) $\dfrac{3a-4b}{5}-a+2b-\dfrac{a-8b}{15}$
$=\dfrac{3(3a-4b)-15a+30b-(a-8b)}{15}$
$=\dfrac{9a-12b-15a+30b-a+8b}{15}$
$=\dfrac{-7a+26b}{15}$
(6) $\dfrac{2x+y}{3}-\dfrac{3(x-y)}{2}+x-\dfrac{8}{3}y$
$=\dfrac{2(2x+y)-9(x-y)+6x-16y}{6}$
$=\dfrac{4x+2y-9x+9y+6x-16y}{6}$
$=\dfrac{x-5y}{6}$

(7) $x-2y-\left\{\dfrac{1}{2}x-\dfrac{1}{3}(x+5y)\right\}$

$=\dfrac{6x-12y-\{3x-2(x+5y)\}}{6}$

$=\dfrac{6x-12y-(3x-2x-10y)}{6}$

$=\dfrac{6x-12y-x+10y}{6}=\dfrac{5x-2y}{6}$

(8) $5x-\dfrac{1}{3}\{-2x+5y-2(2x+y)\}$

$=5x-\dfrac{1}{3}(-2x+5y-4x-2y)$

$=5x-\dfrac{1}{3}(-6x+3y)$

$=5x+2x-y=7x-y$

2 (1) -16　(2) 4　(3) $\dfrac{3}{2}$

(4) ① $x+2y+1$　② $3y+3$
　　③ $-x+10y+11$

解説 (1) $3a-4b-5a+9b$
$=-2a+5b=-6-10=-16$

(2) $3(2a-b)-4(a-2b)$
$=6a-3b-4a+8b=2a+5b$
$=6-2=4$

(3) $2a+b+\dfrac{a-b+3}{2}-\dfrac{5a+2b-2}{3}$

$=\dfrac{12a+6b+3(a-b+3)-2(5a+2b-2)}{6}$

$=\dfrac{12a+6b+3a-3b+9-10a-4b+4}{6}$

$=\dfrac{5a-b+13}{6}=\dfrac{-3-1+13}{6}=\dfrac{9}{6}=\dfrac{3}{2}$

(4) ① $A-B=2x+y-1-(x-y-2)$
$=2x+y-1-x+y+2=x+2y+1$

② $3A-2(A+B)=3A-2A-2B=A-2B$
$=2x+y-1-2(x-y-2)$
$=2x+y-1-2x+2y+4=3y+3$

③ $5(A-B)-2(A+B)$
$=5A-5B-2A-2B=3A-7B$
$=3(2x+y-1)-7(x-y-2)$
$=6x+3y-3-7x+7y+14$
$=-x+10y+11$

3 (1) $A=10b+a$　(2) 11　(3) 9

解説 (1) 十の位の数を10倍し，一の位の数をたして　$A=10b+a$

(2) $B=10a+b$ であるから
$A+B=(10b+a)+(10a+b)$
　　　$=11a+11b=11(a+b)$
よって，$A+B$ は11の倍数である。

(3) $A-B=(10b+a)-(10a+b)$
　　　$=10b+a-10a-b$
　　　$=9b-9a=9(b-a)$
よって，$A-B$ は9の倍数である。

4 (1) 81 枚　(2) $(4a+4)$ 枚
(3) ① 150cm　② 12800cm^2

解説 (1) 正方形の1辺に並ぶタイルは9枚であるから，タイルの枚数は
$9\times 9=81$（枚）

(2) 正方形の各辺に a 枚のタイルを並べ，さらに正方形の4つのかどにタイルを並べるから，全部で $(4a+4)$ 枚

(3) ① $100\times 100=10000$ より，
1m$^2=10000$cm^2 であるから
2.25m$^2=22500$cm^2
$150\times 150=22500$ より，正方形の1辺の長さは150cmである。

② $150\div10=15$ より，正方形の1辺に並んでいるタイルは15枚である。
1, 3, 5, 7, 9, 11, 13, 15 より，1辺に15枚のタイルが並ぶのは8回目である。8回目までに一番外側に並ぶ白タイルの枚数を数える。
2回目 … $3^2-1^2=9-1=8$（枚）
4回目 … $7^2-5^2=49-25=24$（枚）
6回目 … $11^2-9^2=121-81=40$（枚）
8回目 … $15^2-13^2=225-169=56$（枚）
よって，全部で
$8+24+40+56=128$（枚）
タイル1枚の面積は $10\times10=100(\text{cm}^2)$ であるから，白タイルの部分の面積は
$100\times128=12800(\text{cm}^2)$

5 (1) 30cm (2) $6n$ cm
(3) 長方形の縦の長さを a cm，横の長さを b cm とすると，$a+b=3$ である。
n 段目まで並べたときの周囲の長さは，縦が an cm，横が bn cm の長方形の周囲の長さに等しいから
$2(an+bn)=2n(a+b)=2n\times3=6n$
これは，(2)と同じである。

解説 (1) 図のように辺を移動して考えると，周囲の長さは，縦が $1\times5=5$ (cm)，横が $2\times5=10$ (cm) の長方形の周囲の長さに等しいことがわかる。
よって，求める周囲の長さは
$2(5+10)=30$ (cm)
(2) (1)と同様に考えて，縦が n cm，横が $2n$ cm の長方形の周囲の長さに等しいから
$2(n+2n)=6n$ (cm)

3 方程式

▶**36** (1) $x=-5$ (2) $x=3$
(3) $x=-3$ (4) $x=-11$
(5) $x=\dfrac{20}{11}$ (6) $x=\dfrac{1}{3}$
(7) $x=\dfrac{13}{7}$

解説 (1) $5x-1=3x-11$
$5x-3x=-11+1$
$2x=-10$　$x=-5$
(2) $3x-1=-2x+14$
$3x+2x=14+1$
$5x=15$　$x=3$
(3) $3(x+4)=-x$　$3x+12=-x$
$3x+x=-12$　$4x=-12$
$x=-3$
(4) $2(x-3)=3(x+1)+2$
$2x-6=3x+3+2$
$2x-3x=5+6$
$-x=11$　$x=-11$
(5) $4(3x-1)-(x+2)=14$
$12x-4-x-2=14$
$11x=14+4+2$
$11x=20$　$x=\dfrac{20}{11}$
(6) $2(x+1)-5(x-1)=6$
$2x+2-5x+5=6$
$-3x=6-2-5$
$-3x=-1$　$x=\dfrac{1}{3}$
(7) $5x-(-x+3)=2(x+4)-3x+2$
$5x+x-3=2x+8-3x+2$
$6x-2x+3x=10+3$
$7x=13$　$x=\dfrac{13}{7}$

▶**37** (1) $x=\dfrac{5}{2}$ (2) $x=6$

(3) $x=\dfrac{33}{8}$ (4) $x=-\dfrac{190}{21}$

(5) $x=5$ (6) $x=-1$

解説 (1) $5(x-3)=3x-10$

$5x-15=3x-10 \qquad 5x-3x=-10+15$

$2x=5 \qquad x=\dfrac{5}{2}$

(2) $\dfrac{2}{3}x-1=\dfrac{1}{6}x+2$

両辺を 6 倍して $\quad 4x-6=x+12$

$4x-x=12+6 \qquad 3x=18 \qquad x=6$

(3) $\dfrac{2}{3}x-\dfrac{3}{4}=2$

両辺を 12 倍して $\quad 8x-9=24$

$8x=24+9 \qquad 8x=33 \qquad x=\dfrac{33}{8}$

(4) $1.8x-\dfrac{7}{3}=\dfrac{5}{2}x+4$

両辺を 30 倍して $\quad 54x-70=75x+120$

$54x-75x=120+70 \qquad -21x=190$

$x=-\dfrac{190}{21}$

(5) $\dfrac{x}{5}-\dfrac{2-x}{3}=2$

両辺を 15 倍して $\quad 3x-5(2-x)=30$

$3x-10+5x=30 \qquad 8x=30+10$

$8x=40 \qquad x=5$

(6) $1-\dfrac{3-x}{2}=x$

両辺を 2 倍して $\quad 2-(3-x)=2x$

$2-3+x=2x \qquad x-2x=-2+3$

$-x=1 \qquad x=-1$

▶**38** (1) $x=\dfrac{16}{3}$ (2) $x=8$

(3) $x=3$ (4) $x=\dfrac{1}{2}$ (5) $x=-3$

解説 (1) $\dfrac{3x-5}{3}-\dfrac{x+2}{2}=0$

両辺を 6 倍して $\quad 2(3x-5)-3(x+2)=0$

$6x-10-3x-6=0 \qquad 3x=16$

$x=\dfrac{16}{3}$

(2) $\dfrac{4(3x+1)}{5}-\dfrac{5x-1}{3}=7$

両辺を 15 倍して

$12(3x+1)-5(5x-1)=105$

$36x+12-25x+5=105$

$11x+17=105 \qquad 11x=88 \qquad x=8$

(3) $\dfrac{1}{2}x-0.5=0.2x+\dfrac{2}{5}$

両辺を 10 倍して $\quad 5x-5=2x+4$

$3x=9 \qquad x=3$

(4) $0.5x+\dfrac{2}{5}(2-3x)=\dfrac{-7x+5}{2}-0.3$

両辺を 10 倍して

$5x+4(2-3x)=5(-7x+5)-3$

$5x+8-12x=-35x+25-3$

$28x=14 \qquad x=\dfrac{1}{2}$

(5) $\dfrac{1}{2}-\dfrac{3x-1}{4}=\dfrac{x+3}{6}-x$

両辺を 12 倍して

$6-3(3x-1)=2(x+3)-12x$

$6-9x+3=2x+6-12x$

$-9x+9=-10x+6 \qquad x=-3$

▶**39** (1) $x=7$ (2) $x=\dfrac{1}{3}$

(3) $x=\dfrac{7}{8}$ (4) $x=\dfrac{10}{9}$

解説 (1) $0.3x=\dfrac{2}{5}(x-3)+0.5$

両辺を 10 倍して $3x=4(x-3)+5$
$3x=4x-12+5$ $-x=-7$ $x=7$

(2) $4x-2\left(2x-\dfrac{1-3x}{4}\right)=\dfrac{3x-1}{3}$

$4x-4x+\dfrac{1-3x}{2}=\dfrac{3x-1}{3}$

$\dfrac{1-3x}{2}=\dfrac{3x-1}{3}$

両辺を 6 倍して $3-9x=6x-2$

$-15x=-5$ $x=\dfrac{1}{3}$

(3) $3x-2\left(x-\dfrac{1-2x}{3}\right)=\dfrac{2x-1}{2}$

$3x-2x+\dfrac{2(1-2x)}{3}=\dfrac{2x-1}{2}$

$x+\dfrac{2(1-2x)}{3}=\dfrac{2x-1}{2}$

両辺を 6 倍して
$6x+4(1-2x)=3(2x-1)$
$6x+4-8x=6x-3$ $-8x=-7$
$x=\dfrac{7}{8}$

(4) $\left(5-\dfrac{x}{2}\right):\dfrac{3x+2}{7}=35:6$

内項の積と外項の積は等しいから
$\dfrac{3x+2}{7}\times 35=\left(5-\dfrac{x}{2}\right)\times 6$

$5(3x+2)=30-3x$ $15x+10=30-3x$

$18x=20$ $x=\dfrac{10}{9}$

▶**40** アとウ

解説 アより $-x=2$ $x=-2$

イの両辺を 21 倍して $3x-42=7x$
$-4x=42$ $x=-\dfrac{21}{2}$

ウの両辺を 6 倍して $2(5x+2)=3(x+1)$
$10x+4=3x+3$ $7x=-1$ $x=-\dfrac{1}{7}$

エより $5x=-16$ $x=-\dfrac{16}{5}$

$-\dfrac{21}{2}<-\dfrac{16}{5}<-3<-2<-\dfrac{1}{7}$ であるから,

解が -3 より大きくなるのは, アとウである。

▶**41** (1) $a=\dfrac{1}{2}$ (2) $a=-2$

(3) $a=\dfrac{1}{2}$ (4) $a=-18$

解説 (1) $x+a=3ax-1$ に $x=3$ を代入して $3+a=9a-1$ $-8a=-4$ $a=\dfrac{1}{2}$

(2) $\dfrac{x-2}{3}+\dfrac{x-a}{4}=1$ に $x=2$ を代入して

$\dfrac{2-a}{4}=1$ $2-a=4$ $-a=2$

$a=-2$

(3) $5x+2a=-x+16$ に $x=3a+1$ を代入して $5(3a+1)+2a=-(3a+1)+16$
$15a+5+2a=-3a-1+16$
$20a=10$ $a=\dfrac{1}{2}$

(4) $\dfrac{4}{5}x-\dfrac{3}{10}=\dfrac{1}{2}x-\dfrac{21}{5}$

両辺を 10 倍して $8x-3=5x-42$
$3x=-39$ $x=-13$
これが, $5(x+3)-2(x+2a)=48$ の解であるから, 代入して
$5(-13+3)-2(-13+2a)=48$
$-50+26-4a=48$
$-4a=72$ $a=-18$

▶42 62人

解説　わた菓子を買った人が x 人だったとする。120人のうち，フランクフルトを買った人が86人で，この中に両方買った人が含まれるから，わた菓子だけを買った人の数は $120-86=34$(人)となる。
同様にして，フランクフルトだけを買った人は $(120-x)$ 人，両方買った人は $(x-34)$ 人となる。両方買ったときの代金は
$(120+100)\times(1-0.1)=220\times0.9=198$(円)
売り上げが15904円であるから
$120(120-x)+100\times34+198(x-34)$
$\hspace{12em}=15904$
$14400-120x+3400+198x-6732=15904$
$78x=4836 \quad x=62$

▶43 14枚

解説　100円硬貨の枚数を x 枚とすると，50円硬貨の枚数は $(20-x)$ 枚となる。ジュースを $\left(\dfrac{x}{2}+7\right)$ 本買うと20円残ったから
$120\left(\dfrac{x}{2}+7\right)+20=100x+50(20-x)$
$60x+840+20=100x+1000-50x$
$10x=140 \quad x=14$

▶44
(1)　$x=800$
(2)　おとな10人，子ども30人
(3)　(おとな, 子ども)$=(6,\ 13),$
$\hspace{5em}(7,\ 11),\ (8,\ 9)$

解説　(1)　子どもの入場料は $\dfrac{x}{2}$ 円であるから　$\left(9x+12\times\dfrac{x}{2}\right)\times0.8=9600$
$15x\times0.8=9600 \quad 12x=9600$
よって　$x=800$

(2)　おとなの人数を y 人とすると，子どもの人数は $(40-y)$ 人となる。団体料金で安くなるのは一般料金の2割であるから
$\{800y+400(40-y)\}\times0.2=4000$
$(400y+16000)\times0.2=4000$
$80y+3200=4000 \quad 80y=800$
よって　$y=10$
おとなが10人であるから，子どもは
$40-10=30$(人)

(3)　おとなの人数を z 人とする。
団体扱いとなる場合，割引き前の料金は
$10000\div0.8=12500$(円)
このとき，子どもの人数は
$\dfrac{12500-800z}{400}=\dfrac{125}{4}-2z \quad\cdots\text{①}$
z は整数であるから，①は整数となることはない。
よって，団体扱いとならない。
このグループが20人より少ないとき，子どもの人数は
$\dfrac{10000-800z}{400}=25-2z$
おとなと子どもの人数を合わせると
$z+(25-2z)=25-z$
これが19以下であるから，z は6以上の整数である。おとなの方が少ないことに注意して表にまとめると，次のようになる。

おとな(人)	6	7	8
子ども(人)	13	11	9

トップコーチ
(3)は，高校で学習する不等式を用いておとなの人数を考えるのが普通である。しかし，上記の解法のように，おとなの人数に自然数をあてはめながら調べることもできる。

▶**45** (1) $(0.1x-10)$ 円
　　　(2) 900 円

解説 (1) 引いてもらった金額は，板1枚の値段の1割より10円安いことから
$x\times 0.1-10=0.1x-10$(円)
(2) 品物の合計金額と送料を合わせた金額から，引いてもらった金額を引くと，支払った金額になるから
$(27500+5x)\times 1.04-(0.1x-10)=33200$
$5.1x=4590$　　$x=900$

▶**46** (1) 男子 125 名，女子 75 名
　　　(2) 420 名

解説 (1) 美術を選択した生徒の $\dfrac{5}{8}$ が男子であるから，男子の人数は
$200\times\dfrac{5}{8}=125$(名)
女子は　$200-125=75$(名)
(2) 1年生全員の生徒数を x 名とする。
音楽を選択した生徒は $(x-200)$ 名であるから，男子の人数に着目して
$(x-200)\times\dfrac{6}{11}+125=x\times\dfrac{7}{12}$
両辺を $11\times 12(=132)$ 倍して
$72(x-200)+16500=77x$
$72x-14400+16500=77x$
$-5x=-2100$　　$x=420$

トップコーチ
(2)は，音楽を選択した男女比が 6：5 なので，音楽を選択した男女の人数を $6y$，$5y$ とおくことができる。これを用いて，
$(6y+125):(5y+75)=7:5$ と立式して，y を求めることもできる。

▶**47** 5 人

解説 今年の2年生の部員数を x 人とする。昨年の1年生は x 人で，今年の1年生はその2倍の $2x$ 人となり，今年の3年生は
$30-(x+2x)=30-3x$(人)
これが昨年の2年生の部員数であるから，昨年の3年生は
$30-(x+30-3x)=2x$(人)
今年の3年生は昨年の $\dfrac{3}{2}$ の人数であるから
$30-3x=2x\times\dfrac{3}{2}$
$30-3x=3x$　　$-6x=-30$　　$x=5$

▶**48** (1) 8個　(2) $7150-921a$，4個
　　　(3) 4

解説 (1) 樹形図をかいて考える。

```
     千 百 十 一              千 百 十 一
      2－7－8                 2－1－8
     4－7－6                 4－1－6
  1＜                      7＜
     6－7－4                 6－1－4
      8－7－2                 8－1－2
```

よって，8個である。
(2) 百の位の数が a のとき，千の位の数は和が7であることから $7-a$，十の位の数はその2倍で $2(7-a)$，一の位の数は和が10であることから $10-a$ となる。よって，求める数は
$1000\times(7-a)+100a+10\times 2(7-a)$
$\qquad\qquad\qquad\qquad\qquad +10-a$
$=7000-1000a+100a+140-20a$
$\qquad\qquad\qquad\qquad\qquad +10-a$
$=7150-921a$
また，十の位の数 $2(7-a)$ が1けたの自然数となるのは $a=3$，4，5，6 のときであるから，求める自然数は4個である。

(3) A の千の位の数を x, 百の位の数を a, 十の位の数を y とすると, 一の位の数は $10-a$ で
$A = 1000x + 100a + 10y + 10 - a$
$B = 1000y + 100a + 10x + 10 - a$
$B - A = 1980$ より
$1000y + 10x - (1000x + 10y) = 1980$
$990y - 990x = 1980$ $y - x = 2$
よって $y = x + 2$
$x + y$ が最も小さくなるのは $x=1$, $y=3$ のときで, その和は 4 である。

> **トップコーチ**
> 積極的に文字を使い, 整数, 自然数の条件を上手く使おう。例えば, 各位の数は, 1 けたの自然数になるなど。

▶ **49** (1) $2004 = 667 + 668 + 669$
(2) 連続する 4 つの整数 x, $x+1$, $x+2$, $x+3$ の和が 2004 になったとすると
$x + (x+1) + (x+2) + (x+3) = 2004$ …①
$4x + 6 = 2004$ $4x = 1998$
$x = 499.5$
x は整数であるから, ①を満たす整数 x は存在しない。よって, 2004 は連続する 4 つの整数の和として表すことはできない。

解説 (1) 連続する 3 つの整数を $x-1$, x, $x+1$ とおくと, 和が 2004 になるから
$(x-1) + x + (x+1) = 2004$
$3x = 2004$ $x = 668$
よって $2004 = 667 + 668 + 669$

▶ **50** $x = 6$

解説 2 人で仕事をしたのは $(14-x)$ 日間。全仕事量を 1 とすると, 1 日にできる仕事量は兄 1 人では $\dfrac{1}{18}$, 弟 1 人では $\dfrac{1}{30}$ である。2 人で仕事をするときの 1 日の仕事量は,

兄は $\dfrac{1}{18} \times \left(1 - \dfrac{1}{10}\right) = \dfrac{1}{18} \times \dfrac{9}{10} = \dfrac{1}{20}$

弟は $\dfrac{1}{30} \times \left(1 + \dfrac{5}{10}\right) = \dfrac{1}{30} \times \dfrac{15}{10} = \dfrac{1}{20}$

2 人合わせて $\dfrac{1}{20} + \dfrac{1}{20} = \dfrac{2}{20} = \dfrac{1}{10}$

したがって
$\dfrac{1}{30}x + \dfrac{1}{10}(14-x) = 1$
$x + 3(14-x) = 30$ $x + 42 - 3x = 30$
$-2x = -12$ $x = 6$

▶ **51** (1) B は $\dfrac{5}{3}$cm², C は $\dfrac{2}{3}$cm²

(2) 9cm   (3) $\dfrac{132}{5}$cm³

解説 (1) 入れた水の量は
$2 \times 10 = 20 \text{ (cm}^3\text{)}$
B の底面積は $20 \div 12 = \dfrac{5}{3}$ (cm²)
C の底面積は $20 \div 30 = \dfrac{2}{3}$ (cm²)

(2) C の水深を $x$cm とすると, A, B の水深は $(x-3)$cm であるから
$2(x-3) + \dfrac{5}{3}(x-3) + \dfrac{2}{3}x = 28$
両辺を 3 倍して
$6(x-3) + 5(x-3) + 2x = 84$
$6x - 18 + 5x - 15 + 2x = 84$
$13x = 117$ $x = 9$

(3) はじめに同じになるようにした B，C の深さを $y$cm とする。
B の半分と C の深さ 3cm 分を合わせると A の深さ 7－2＝5(cm) 分となるから
$$\frac{5}{3}\times\frac{y}{2}+\frac{2}{3}\times 3=2\times 5$$
$$\frac{5}{6}y+2=10 \qquad \frac{5}{6}y=8$$
$$y=8\times\frac{6}{5}=\frac{48}{5}$$
よって，最初にバケツにあった水の量は
$$2\times 2+\frac{5}{3}\times\frac{48}{5}+\frac{2}{3}\times\frac{48}{5}$$
$$=4+16+\frac{32}{5}=\frac{132}{5}(\text{cm}^3)$$

▶**52** (1) $\dfrac{7}{20}x$ 分 (2) $x=40$

解説 (1) 満水になってから毎分 12L の割合で水を抜くと x 分で空になる。これより，水そうに入る水の量は，$12x$ L である。
排水管 B を閉じた状態で入れた水の量は
$$12x\times\frac{7}{12}=7x(\text{L})$$
毎分 20L の割合で水を入れたから，かかる時間は
$$7x\div 20=\frac{7}{20}x(\text{分})$$

(2) 排水管 B を開いてから給水管 A を閉じるまでの時間は
$$79-x-\frac{7}{20}x=79-\frac{27}{20}x(\text{分})$$
このとき，水は 1 分間に
$$20-12=8(\text{L})$$
ずつ増えていき，水そう全体の
$$1-\frac{7}{12}=\frac{5}{12}$$
だけ水が入る。この水の量は

$$12x\times\frac{5}{12}=5x(\text{L})$$
であるから
$$8\times\left(79-\frac{27}{20}x\right)=5x$$
両辺を 5 倍して
$$40\times 79-54x=25x$$
$$79x=40\times 79 \qquad x=40$$

▶**53** 6 時間 40 分

解説 40 分 $=\dfrac{40}{60}$ 時間 $=\dfrac{2}{3}$ 時間であるから
2 時間 40 分 $=\left(2+\dfrac{2}{3}\right)$ 時間 $=\dfrac{8}{3}$ 時間
これより $y\times x\times 4=y\times(x+2)\times\dfrac{8}{3}$
$y\neq 0$ より，両辺を y でわって 3 倍すると
$12x=8(x+2) \qquad 12x=8x+16$
$4x=16 \qquad x=4$
よって $a=y\times x\times 4=16y$
印刷の速さを 1.2 倍にすると，1 時間に 1.2y 枚印刷できる。この印刷機を
$x-2=4-2=2(\text{台})$
使って a 枚印刷するのにかかる時間は
$$a\div(1.2y\times 2)=\frac{16y}{2.4y}=\frac{160}{24}=\frac{20}{3}(\text{時間})$$
$\dfrac{20}{3}=6+\dfrac{2}{3}$ で，$\dfrac{2}{3}$ 時間 $=40$ 分であるから，求める時間は 6 時間 40 分である。
(注意) y は 0 でないことを，$y\neq 0$ で表す。

▶**54**　52.5km

解説　A，B両駅間の距離を x km とする。普通電車と急行電車が同時にA駅を出発する場合には，急行電車は普通電車より13分早くB駅に着く。したがって

$$\frac{x}{50} - \frac{x}{63} = \frac{13}{60}$$

$$\frac{63x-50x}{3150} = \frac{13}{60} \qquad \frac{13}{3150}x = \frac{13}{60}$$

$$x = \frac{13}{60} \times \frac{3150}{13} = \frac{315}{6} = 52.5$$

▶**55**　1250m

解説　家から x m の地点でパンクしたとする。いつもの2割増しの速さは
$250 \times (1+0.2) = 250 \times 1.2 = 300$
より，毎分 300m である。
家から駅までは　$250 \times 25 = 6250$ (m)
パンクした日の所要時間は　$25+5=30$ (分)
したがって

$$\frac{x}{250} + \frac{500}{100} + 5 + \frac{6250-x-500}{300} = 30$$

$$\frac{x}{250} + \frac{5750-x}{300} = 20$$

両辺を1500倍して
$6x + 5(5750-x) = 30000$
$6x + 28750 - 5x = 30000 \qquad x = 1250$

▶**56**　7時43分

解説　7時10分の x 分後に学校に到着したとする。300m 歩くのにかかる時間は
$300 \div 60 = 5$ (分)
忘れ物を見つけるために3分間かかっているから，走った時間は
$x - 5 - 3 = x - 8$ (分)
走る速さは，歩く速さの2倍であるから
$60 \times 2 \times (x-8) = 300 + 2700$
$120(x-8) = 3000 \qquad x-8 = 25 \qquad x = 33$

$10+33=43$ より，学校に到着する時刻は，7時43分である。

▶**57**　(1)

(グラフ：縦軸 (m) 図書館 2000，横軸 (分) 12時)

(2)　12時30分

解説　(1)　一郎さんが忘れ物に気づいたのは，家から $60 \times 15 = 900$ (m) の地点である。そこから家に戻るまでにかかる時間は
$900 \div 90 = 10$ (分)
よって，家に着くのは12時25分である。
12時45分に図書館，つまり2000mの地点に着くから，グラフは原点，(15, 900)，(25, 0)，(45, 2000) を順に結ぶ折れ線となる。

(2)　12時15分に花子さんは，家から
$2000 - 50 \times 15 = 2000 - 750 = 1250$ (m)
の地点にいるから，一郎さんとはまだ出会わない。一郎さんが家に戻る速さの方が花子さんの速さより大きいから，花子さんが一郎さんと出会うのは，一郎さんが再び家を出発してからとなる。そのとき，一郎さんは $45-25=20$ (分) で 2000m 歩くから，その速さは毎分 100m となる。
12時 x 分に2人が出会うとすると
$50x + 100(x-25) = 2000$
両辺を50で割って　$x + 2(x-25) = 40$
$x + 2x - 50 = 40 \qquad 3x = 90 \qquad x = 30$
よって，12時30分である。

▶**58** (1) 29 分 30 秒
　　(2) 16 分 0 秒後, 2600m

解説 (1) 3 分間で歩く道のりは

$6 \times \dfrac{3}{60} = \dfrac{3}{10}$ (km)

10 分間で走る道のりは　$12 \times \dfrac{10}{60} = 2$ (km)

$\dfrac{3}{10} + 2 + \dfrac{3}{10} + 2 + \dfrac{3}{10} = 4 + \dfrac{9}{10} = \dfrac{49}{10}$ (km)

3 回目に歩いた後, B 地点までの残りの道のりは

$5 - \dfrac{49}{10} = \dfrac{1}{10}$ (km)

この道のりを走るのにかかる時間は

$\dfrac{1}{10} \div 12 = \dfrac{1}{10} \times \dfrac{1}{12} = \dfrac{1}{120}$ (時間)

$\dfrac{1}{120}$ 時間 $= \dfrac{60 \times 60}{120}$ 秒 $= 30$ 秒

よって, かかる時間は

3 分 + 10 分 + 3 分 + 10 分 + 3 分 + 30 秒
= 29 分 30 秒

(2) 2 人が進む道のりの和を求める。

3 分後は　$\dfrac{3}{10} + 9 \times \dfrac{3}{60} = \dfrac{15}{20} = \dfrac{3}{4} < 5$

13 分後は　$\dfrac{3}{10} + 2 + 9 \times \dfrac{13}{60} = \dfrac{85}{20} = \dfrac{17}{4} < 5$

16 分後は　$\dfrac{3}{10} + 2 + \dfrac{3}{10} + 9 \times \dfrac{16}{60} = 5$

よって, 16 分後に 2 人は出会う。

その地点は A 地点から $\dfrac{26}{10}$ km, つまり 2600m の地点である。

▶**59** (1)

電車の速さは, 毎時 80km
(2) 32km　(3) 7 か所

解説 (1) 停車時間を除くと, 40km 走るのに, 32 − 2 = 30(分)かかる。

30 分 $= \dfrac{30}{60}$ 時間 $= \dfrac{1}{2}$ 時間

よって, 電車の速さは

$40 \div \dfrac{1}{2} = 40 \times 2 = 80$

より, 毎時 80km である。

この速さで 16km 走るのにかかる時間は

$16 \div 80 = \dfrac{16}{80} = \dfrac{1}{5}$ (時間)

$\dfrac{1}{5} \times 60 = 12$ より, 12 分である。

よって, グラフは, (0, 0), (12, 16), (14, 16), (32, 40) を順に結ぶ折れ線である。

(2) 6 時 x 分にすれ違うとする。すれ違うのは P 駅と B 駅の間であるから

$80\left(\dfrac{x}{60} - \dfrac{14}{60}\right) + 80\left(\dfrac{x}{60} - \dfrac{20}{60}\right) = 40 - 16$

$\dfrac{4}{3}x - \dfrac{56}{3} + \dfrac{4}{3}x - \dfrac{80}{3} = 24$

両辺を 3 倍して　$4x - 56 + 4x - 80 = 72$
$8x = 208$　　$x = 26$

このとき, A 駅からの道のりは

$16 + 80\left(\dfrac{26}{60} - \dfrac{14}{60}\right) = 16 + 80 \times \dfrac{12}{60}$

$= 16 + 80 \times \dfrac{1}{5} = 16 + 16 = 32$ (km)

(3) A駅7時発の電車は，B駅発6時30分から7時30分発までの7本の電車とすれ違う。10分ごとに，同じことがくり返されるから，電車がすれ違うのは7か所である。

▶ **60** (1) $a=4000$ (2) $b=8000$

解説 バスと人の，時間とA町からの道のりの関係は次のグラフのようになる。

(1) グラフより，バスが3回目にB町を出発する場合を考えて
$$\frac{a}{800} \times 5 + 5 \times 5 = \frac{a}{80}$$
両辺を160倍して $a+4000=2a$
よって $a=4000$

(2) グラフより，バスが4回目にB町に着く場合を考えて
$$\frac{b}{800} \times 7 + 5 \times 6 = \frac{b}{80}$$
両辺を800倍して $7b+24000=10b$
$3b=24000$
よって $b=8000$

トップコーチ
往復運動に関する問題では，ダイヤグラムを利用すべきである。関数的処理や図形的処理が出来るなどのメリットがある。ダイヤグラムは，縦軸に道のり，横軸に時間をとることによって，グラフの傾きは速さを表すことになる。

▶ **61** (1) 30秒後 (2) $\frac{20}{3}$ 秒後

(3) $\frac{10}{3}$ 秒後と $\frac{50}{3}$ 秒後

解説 (1) 点Qが点Pより
$10 \times 3 = 30$ (cm)
余分に進んだとき追いつく。x 秒後に追いつくとすると
$2x = x+30$ $x=30$
よって，30秒後である。

(2) y 秒後とすると，点Qが辺CD上にあるとき，点Pは辺AB上にあるから
BP=CQ より $10-y=2y-10$
$3y=20$ $y=\frac{20}{3}$
よって，$\frac{20}{3}$ 秒後である。

(3) z 秒後とする。
1回目は，点PがAB上，点QがBC上のときである。
BP=$10-z$, BQ=$2z$ であるから，
BP=BQ より $10-z=2z$
$3z=10$ $z=\frac{10}{3}$
よって，$\frac{10}{3}$ 秒後である。

2回目は，点PがBC上，点QがAB上のときである。
AB+BP=z より BP=$z-10$
BC+CD+DA+AQ=$2z$ より
AQ=$2z-30$
BQ=$10-$AQ=$10-(2z-30)=40-2z$
BP=BQ より $z-10=40-2z$
$3z=50$ $z=\frac{50}{3}$
よって，$\frac{50}{3}$ 秒後である。

▶**62** (1) 10 分後　(2) 12 分後
　　　(3) 5 回目

解説　(1) $1000 \div 100 = 10$ より，10 分後。
(2) 2 人が最初にすれ違うのが出発してから x 分後とすると
$100x + 150x = 1000$　　$x = 4$
よって，4 分後。
3 回目にすれ違うのは　$4 \times 3 = 12$（分後）
(3) A は 10 分ごとに地点 P に戻り，2 人は 4 分ごとにすれ違う。10 と 4 の最小公倍数は 20 であるから，2 人は 20 分後に地点 P ですれ違う。
$20 \div 4 = 5$ より，それは 5 回目である。

▶**63** (1) 5 秒　(2) $\dfrac{5}{32}$ 秒後
　　　(3) $\dfrac{11}{4}$ 秒後　(4) $\dfrac{55}{8}$ 秒後

解説　(1) 半径 OP の円の円周は
$2\pi \times 5 = 10\pi$
点 P は毎秒 2π の速さで回転するから，1 周にかかる時間は
$10\pi \div 2\pi = 5$（秒）
(2) 点 P は 1 秒間に，$360° \div 5 = 72°$ 回転する。点 Q が 1 周するのにかかる時間は
$2\pi \times 6 \div 4\pi = 3$（秒）
よって，点 Q は 1 秒間に，$360° \div 3 = 120°$ 回転する。
最初，$\angle POQ = \angle AOB = 30°$ で，x 秒後に $\angle POQ = 0°$ になるとすると
$(72 + 120)x = 30$
$x = \dfrac{30}{192} = \dfrac{5}{32}$
このとき，3 点 O，P，Q はこの順で初めて同一直線上になるから，$\dfrac{5}{32}$ 秒後である。

(3) $360° - 30° = 330°$ 回転したときであるから　$330 \div 120 = \dfrac{33}{12} = \dfrac{11}{4}$
よって，$\dfrac{11}{4}$ 秒後である。
(4) y 秒後とすると，1 秒あたりの回転は，点 Q の方が早いから，点 Q が点 P に追いついたとき，3 点 O，P，Q がこの順で初めて同一直線上に並ぶ。したがって
$120y = 72y + 330$
$48y = 330$　　$y = \dfrac{55}{8}$
よって，$\dfrac{55}{8}$ 秒後である。

▶**64** (1) ① $\dfrac{45}{8}$　② 90，7
　　　(2) $\dfrac{90}{13}$ 秒後

解説　(1) ① P，Q の進んだ道のりを合わせて，円周の半分になったときであるから，その時間は
$(900 \div 2) \div (50 + 30) = \dfrac{450}{80} = \dfrac{45}{8}$（秒後）
② $900 \div 50 = 18$ より，P は 18 秒で 1 周する。
$900 \div 30 = 30$ より，Q は 30 秒で 1 周する。
18 と 30 の最小公倍数は 90 であるから，P と Q が再び地点 S で出会うのは 90 秒後である。
$900 \div (50 + 30) = \dfrac{900}{80} = \dfrac{90}{8}$ より，2 点は $\dfrac{90}{8}$ 秒ごとに出会うから，地点 S で再び出会うまでに出会う回数は
$90 \div \dfrac{90}{8} - 1 = 90 \times \dfrac{8}{90} - 1 = 8 - 1 = 7$（回）

(2) 2点 P, Q が最初に出会うまでの範囲で考える。
出発してから,最初に出会うまでの間に,P の方が早く回転するから,$\overparen{SP}=\overparen{SQ}$ となることはない。よって,SP=SQ となることはない。
PS=PQ のとき,$\overparen{PS}=\overparen{PQ}$ となるまでの時間を x 秒とすると
$50x=900-(50x+30x)$
$50x=900-80x$
$130x=900 \quad x=\dfrac{90}{13}$
PQ=QS のとき,$\overparen{PQ}=\overparen{QS}$ となるまでの時間を y 秒とすると
$900-(50y+30y)=30y$
$900-80y=30y$
$110y=900 \quad y=\dfrac{90}{11}$
$\dfrac{90}{13}<\dfrac{90}{11}$ であるから,出発後初めて二等辺三角形となるのは,$\dfrac{90}{13}$ 秒後である。

▶**65** (1) **3.5 秒後** (2) **18 秒後**
　　(3) **30 秒後**

解説 (1) $360°\div 9=40°$ より,A は 1 秒間に 40° 回転する。
140° 回転するのは
$140°\div 40°=3.5$(秒後)
(2) $360°\div 12=30°$ より,B は 1 秒間に 30° 回転する。A, O, B が最初に一直線上に並ぶのは,∠AOB=180° のときである。
x 秒後に一直線上に並ぶとすると
$40x-30x=180 \quad 10x=180$
$x=18$
よって,18 秒後である。

(3) ∠OAB=90° のとき,
OA：OB=5：10=1：2 であるから,
△OAB は正三角形を半分に切った形で,∠AOB=60° となる。
∠OAB が 2 度目に 90° となるとき,A は B より $360°-60°=300°$ だけ多く回転する。それが y 秒後であるとすると
$40y-30y=300 \quad 10y=300$
$y=30$
よって,30 秒後である。

トップコーチ
平方根,三平方の定理は,中学 3 年生で学習することになる。しかし,三角定規の辺の比は,覚えておこう。

▶**66** (1) $(2x-11)$km
　　(2) $\dfrac{11}{60}x$, $\dfrac{2x-2}{9}$ 　(3) $x=\dfrac{40}{7}$
　　(4) $\dfrac{13}{21}$ **時間後**

解説 (1) 20 分 $=\dfrac{20}{60}$ 時間 $=\dfrac{1}{3}$ 時間
2 周の距離から,時速 12km, 時速 11km, 時速 10km で $\dfrac{1}{3}$ 時間ずつ走った道のりを引いて
$2x-12\times\dfrac{1}{3}-11\times\dfrac{1}{3}-10\times\dfrac{1}{3}$
$=2x-(12+11+10)\times\dfrac{1}{3}$
$=2x-11$(km)

(2) Aがかかった時間は
$$\frac{x}{12}+\frac{x}{10}=\frac{5}{60}x+\frac{6}{60}x=\frac{11}{60}x \text{ (時間)}$$
Bがかかった時間は
$$\frac{1}{3}\times 3+\frac{2x-11}{9}=\frac{9+2x-11}{9}$$
$$=\frac{2x-2}{9} \text{ (時間)}$$

(3) (2)より $\frac{11}{60}x=\frac{2x-2}{9}$

両辺を180倍して $33x=20(2x-2)$
$33x=40x-40$
$7x=40$ $x=\frac{40}{7}$

(4) スタートしたときは,2人とも時速12kmであるから,BはAを追い越せない。Aは2周目になると時速10kmとなり,Bが時速11kmで走っている間だけ,追い越すことができる。
スタートからy時間後に追い越すとすると,スタートからの2人の道のりが等しいことから
$$\frac{40}{7}+10\left(y-\frac{40}{7}\div 12\right)=12\times\frac{1}{3}+11\left(y-\frac{1}{3}\right)$$
$$\frac{40}{7}+10y-\frac{100}{21}=4+11y-\frac{11}{3}$$
$$10y+\frac{120}{21}-\frac{100}{21}=11y+\frac{12}{3}-\frac{11}{3}$$
$$10y+\frac{20}{21}=11y+\frac{1}{3}$$
$$y=\frac{20}{21}-\frac{1}{3}=\frac{20}{21}-\frac{7}{21}=\frac{13}{21}$$
よって,$\frac{13}{21}$時間後である。

▶**67** (1) $\frac{x}{50}$ g (2) $\left(2+\frac{x}{100}\right)$%
(3) **160g, 3.6%**

解説 (1) 2%の食塩水xgに含まれる食塩の量は
$$\frac{2}{100}x=\frac{x}{50} \text{(g)}$$

(2) Aからxg取り出してBに入れ,Cからxg取り出してAに入れるから,Aの食塩水の量は200gである。
食塩の量は
$$\frac{2}{100}(200-x)+\frac{4}{100}x$$
$$=\frac{400-2x+4x}{100}=\frac{400+2x}{100} \text{(g)}$$
よって,食塩水の濃度は
$$\frac{400+2x}{100}\div 200\times 100$$
$$=\frac{400+2x}{200}=2+\frac{x}{100} \text{(\%)}$$

(3) Cの食塩水に含まれる食塩の量は
$$\frac{4}{100}(400-x)+\frac{3}{100}x$$
$$=\frac{1600-4x+3x}{100}=\frac{1600-x}{100} \text{(g)}$$
よって,食塩水の濃度は
$$\frac{1600-x}{100}\div 400\times 100$$
$$=\frac{1600-x}{400}=4-\frac{x}{400} \text{(\%)}$$
これがAの食塩水の濃度と等しいから
$$2+\frac{x}{100}=4-\frac{x}{400}$$
$$\frac{4x}{400}+\frac{x}{400}=4-2$$
$$\frac{5x}{400}=2 \quad \frac{x}{80}=2 \quad x=160$$
このとき,Aの食塩水の濃度は
$$2+\frac{160}{100}=2+1.6=3.6(\%)$$

▶**68** (1) 75g　(2) 8.9%

解説 (1) B から x g 取り出したとする。
A からの 100g とまぜると,食塩水の量は $(100+x)$ g,食塩の量は
$$\frac{9.5}{100} \times 100 + \frac{6}{100}x = 9.5 + \frac{6}{100}x \,(g)$$
この濃度が 8% になるから
$$\frac{8}{100}(100+x) = 9.5 + \frac{6}{100}x$$
$$8(100+x) = 950 + 6x$$
$$800 + 8x = 950 + 6x$$
$$2x = 150 \quad x = 75$$

(2) 残った食塩水から蒸発させた 100g を引いた食塩水の量は
$$(400-100) + (450-75) - 100 = 575\,(g)$$
この食塩水に含まれる食塩の量は
$$\frac{9.5}{100} \times (400-100) + \frac{6}{100} \times (450-75)$$
$$= 28.5 + 22.5 = 51\,(g)$$
よって,濃度は
$$\frac{51}{575} \times 100 = 8.86\cdots$$
小数第 2 位を四捨五入して,8.9% である。

▶**69** (1) $\dfrac{12}{100}(200-x) + \dfrac{9}{100} \times \dfrac{x}{2}$
$\qquad\qquad = \dfrac{10.5}{100} \times 200$

(2) $x = 40$

解説 (1) 食塩の量に着目して
$$\frac{12}{100}(200-x) + \frac{9}{100} \times \frac{x}{2} = \frac{10.5}{100} \times 200$$

(2) (1)の方程式の両辺を 200 倍して
$$24(200-x) + 9x = 21 \times 200$$
$$4800 - 24x + 9x = 4200$$
$$15x = 600 \quad x = 40$$

▶**70** (1) $b = 3a$　(2) $x = 70$

解説 (1) a% の食塩水 200g に含まれる食塩の量は $\dfrac{a}{100} \times 200 = 2a\,(g)$

同様に,b% の食塩水 200g に含まれる食塩の量は $\dfrac{b}{100} \times 200 = 2b\,(g)$

A から B に 200g の食塩水を移したとき,B の食塩水 $200+200=400\,(g)$ に含まれる食塩の量は $(2a+2b)$ g であるから,この食塩水の濃度は
$$\frac{2a+2b}{400} \times 100 = \frac{a+b}{2}\,(\%)$$
この食塩水 200g を A に戻したとき,A の食塩水 $(400-200)+200=400\,(g)$ に含まれる食塩の量は
$$\frac{a}{100} \times 200 + \frac{a+b}{100 \times 2} \times 200 = 3a+b\,(g)$$
よって,濃度は
$$\frac{3a+b}{400} \times 100 = \frac{3a+b}{4}\,(\%)$$
A,B の食塩水の濃度の比が 3:4 であるから $\dfrac{3a+b}{4} : \dfrac{a+b}{2} = 3:4$
$$\frac{3(a+b)}{2} = 3a+b \quad 3a+3b = 6a+2b$$
よって $b = 3a$

(2) (1)より,食塩水の濃度は,
A は $\dfrac{3a+b}{4} = \dfrac{3a+3a}{4} = \dfrac{3}{2}a\,(\%)$
B は $\dfrac{a+b}{2} = \dfrac{a+3a}{2} = 2a\,(\%)$
さらに,A から B に 150g の食塩水を移したとき,B の食塩水 $200+150=350\,(g)$ に含まれる食塩の量は
$$\frac{2a}{100} \times 200 + \frac{3a}{100 \times 2} \times 150 = 4a + \frac{9}{4}a$$

$= \dfrac{25}{4}a$(g)

よって，濃度は

$\dfrac{25a}{350 \times 4} \times 100 = \dfrac{25}{14}a$(%)

この食塩水 x g を A に戻したとき，A に含まれる食塩の量は

$\dfrac{3a}{100 \times 2} \times (400-150) + \dfrac{25a}{100 \times 14}x$

$= \dfrac{3a}{200} \times 250 + \dfrac{a}{56}x = \dfrac{15}{4}a + \dfrac{a}{56}x$

B に含まれる食塩の量は

$\dfrac{25a}{100 \times 14} \times (350-x) = \dfrac{25}{4}a - \dfrac{a}{56}x$

これらが等しいから

$\dfrac{15}{4}a + \dfrac{a}{56}x = \dfrac{25}{4}a - \dfrac{a}{56}x$

$a \neq 0$ より，両辺を a で割って

$\dfrac{15}{4} + \dfrac{1}{56}x = \dfrac{25}{4} - \dfrac{1}{56}x$

$\dfrac{2}{56}x = \dfrac{25}{4} - \dfrac{15}{4}$

$\dfrac{1}{28}x = \dfrac{10}{4}$

よって　$x=70$

▶**71** (1)　$y = \dfrac{1}{4}x$　(2)　6%

(3)　A の蛇口を 37.5% に絞る

解説　(1)　満水時の食塩水の量に着目して

$30x = 40\left(\dfrac{1}{2}x + y\right)$

$30x = 20x + 40y$　　$40y = 10x$

よって　$y = \dfrac{1}{4}x$

(2)　(1)より，A と B を 4：1 の割合でまぜるから，A を 4kg，B を 1kg とすると，食塩水の量は

$4+1=5$(kg)

この食塩水に含まれる食塩の量は

$\dfrac{5}{100} \times 4 + \dfrac{10}{100} \times 1 = \dfrac{30}{100} = 0.3$(kg)

よって，この食塩水の濃度は

$\dfrac{0.3}{5} \times 100 = \dfrac{30}{5} = 6$(%)

満水時にも濃度は変わらないから，6% の食塩水ができる。

(3)　(2)より，A を全開にすると 6% になるから，7% にするには A の方を絞らなければならない。A の排出量が a% になるように絞るとすると，1 分間の排出量は

$\dfrac{a}{100}x$(kg)になるから

$\dfrac{5}{100} \times \dfrac{a}{100}x + \dfrac{10}{100}y = \dfrac{7}{100}\left(\dfrac{a}{100}x + y\right)$

両辺を 10000 倍して

$5ax + 1000y = 7ax + 700y$

$2ax = 300y$

$y = \dfrac{1}{4}x$ を代入して

$2ax = 300 \times \dfrac{1}{4}x$　　$2a = 75$

よって　$a = 37.5$

▶**72** (1)　A さんは 8，B さんは 5

(2)　①　$5x - 10 = 26 - 7x$

②　6 回

解説　(1)　A さんが負けたのは

$10 - 5 - 3 = 2$(回)

よって，A さんの位置は

$2 \times 5 + 0 \times 3 + (-1) \times 2 = 8$

B さんは，勝ちが 2 回，あいこが 3 回，負けが 5 回である。最初 6 の位置にいるから，B さんの位置は

$6 + 2 \times 2 + 0 \times 3 + (-1) \times 5 = 5$

(2) ① あいこは $2x$ 回で，A さんが負けたのは，$10-x-2x=10-3x$(回) である。
よって，A さんの位置は
$2x+0\times 2x+(-1)\times(10-3x)$
$=2x-10+3x=5x-10$
B さんの位置は
$6+2(10-3x)+0\times 2x+(-1)\times x$
$=6+20-6x-x=26-7x$
2 人は同じ位置になったから
$5x-10=26-7x$

② ①の方程式を解いて
$12x=36 \qquad x=3$
あいこの回数はその 2 倍で，6 回である。

▶**73** (1) B には A の食塩水を入れるから濃度は 5% より大きく，10% 未満である。C には B の食塩水を入れるから，濃度は 10% より大きく，15% 未満である。よって B と C の食塩水の濃度は等しくなることがない。

(2) 8%

解説 (2) それぞれのビーカーから x g 取り出すとする。
A の食塩水の濃度は
$\left\{\dfrac{5}{100}(56-x)+\dfrac{15}{100}x\right\}\div 56\times 100$
$=\dfrac{1}{56}(5\times 56-5x+15x)=5+\dfrac{10}{56}x$
$=5+\dfrac{5}{28}x(\%)$
C の食塩水の濃度は
$\left\{\dfrac{15}{100}(70-x)+\dfrac{10}{100}x\right\}\div 70\times 100$
$=\dfrac{1}{70}(15\times 70-15x+10x)$
$=15-\dfrac{5}{70}x=15-\dfrac{1}{14}x(\%)$
A と C の食塩水の濃度は等しいから
$5+\dfrac{5}{28}x=15-\dfrac{1}{14}x$
$\dfrac{5}{28}x+\dfrac{2}{28}x=10 \qquad \dfrac{7}{28}x=10$
$\dfrac{1}{4}x=10$
よって $x=40$
このとき，B の食塩水の濃度は
$\left\{\dfrac{10}{100}(100-40)+\dfrac{5}{100}\times 40\right\}\div 100\times 100$
$=6+2=8(\%)$

▶**74** (1) $\dfrac{9}{2}$L (2) $\dfrac{3}{2}$L (3) $\dfrac{9}{4}$L

解説 (1) 最後に A, B, C の容器に入っている水の量は $9\div 3=3$(L)
操作Ⅱの直後で C の容器に残っている水の量を x L とすると
$x\times\left(1-\dfrac{1}{3}\right)=3 \qquad \dfrac{2}{3}x=3$
よって $x=\dfrac{9}{2}$

(2) $\dfrac{9}{2}\times\dfrac{1}{3}=\dfrac{3}{2}$(L)

(3) 操作Ⅰの直後の容器 A の水の量は
$3-\dfrac{3}{2}=\dfrac{3}{2}$(L)
初めに容器 A に入っていた水の量を y L とすると
$y\times\left(1-\dfrac{1}{3}\right)=\dfrac{3}{2} \qquad \dfrac{2}{3}y=\dfrac{3}{2}$
よって $y=\dfrac{9}{4}$

▶ **75** (1) $\dfrac{3x+10}{4}$% (2) $\dfrac{9x+70}{16}$%

(3) $x=\dfrac{58}{9}$

解説 50gは100gの半分で，10%の食塩水50gに含まれる食塩の量は
$\dfrac{10}{100}\times 50=5$ (g)

1回の操作で，Aの食塩水に含まれる食塩の半分が別の容器に移り，それに5gを加えた分の半分がAに戻る。

(1) x%の食塩水100gに含まれる食塩の量は
$\dfrac{x}{100}\times 100=x$ (g)

1回の操作後，Aの食塩水に含まれる食塩の量は，Aに残った分と別の容器から戻ってきた分を合わせて
$\dfrac{x}{2}+\dfrac{1}{2}\left(\dfrac{x}{2}+5\right)=\dfrac{2x}{4}+\dfrac{x+10}{4}=\dfrac{3x+10}{4}$ (g)

食塩水100g中に食塩が $\dfrac{3x+10}{4}$ g 含まれているから，濃度は $\dfrac{3x+10}{4}$% である。

(2) 2回の操作後，Aの食塩水に含まれる食塩の量は
$\dfrac{1}{2}\times\dfrac{3x+10}{4}+\dfrac{1}{2}\left(\dfrac{1}{2}\times\dfrac{3x+10}{4}+5\right)$
$=\dfrac{3x+10}{8}+\dfrac{1}{2}\times\dfrac{3x+10+40}{8}$
$=\dfrac{6x+20}{16}+\dfrac{3x+50}{16}=\dfrac{9x+70}{16}$ (g)

よって，濃度は $\dfrac{9x+70}{16}$% である。

(3) 3回の操作後，Aの食塩水に含まれる食塩の量は
$\dfrac{1}{2}\times\dfrac{9x+70}{16}+\dfrac{1}{2}\left(\dfrac{1}{2}\times\dfrac{9x+70}{16}+5\right)$
$=\dfrac{9x+70}{32}+\dfrac{1}{2}\times\dfrac{9x+70+160}{32}$
$=\dfrac{18x+140}{64}+\dfrac{9x+230}{64}=\dfrac{27x+370}{64}$ (g)

よって，濃度は $\dfrac{27x+370}{64}$% で，これが 8.5% であるから
$\dfrac{27x+370}{64}=8.5$
$27x+370=544$
$27x=174$　　$x=\dfrac{174}{27}=\dfrac{58}{9}$

トップコーチ
比例配分の考え方をマスターするとよい。例えば，ある食塩水100gを20gと80gに分けたとき，それぞれの食塩水に含まれる食塩の量の比は1:4，水の量の比も1:4となる。

第3回 実力テスト

1 (1) $x=\dfrac{1}{2}$　(2) $x=-13$

　　(3) $x=\dfrac{1}{2}$　(4) $x=\dfrac{4}{3}$

解説 (1) $3x-4-(5x-6)=2(2-3x)$
$3x-4-5x+6=4-6x$
$4x=2$　$x=\dfrac{1}{2}$

(2) $1.2(2x-3)=2.7x+0.3$
両辺を 10 倍して
$12(2x-3)=27x+3$
$24x-36=27x+3$
$-3x=39$　$x=-13$

(3) $0.1x=0.3(x-2)+\dfrac{1}{2}$
両辺を 10 倍して　$x=3(x-2)+5$
$x=3x-6+5$
$-2x=-1$　$x=\dfrac{1}{2}$

(4) $\dfrac{2x+1}{5}-0.2(6x-5)=\dfrac{x-2}{2}-0.7(x-2)$
両辺を 10 倍して
$2(2x+1)-2(6x-5)=5(x-2)-7(x-2)$
$4x+2-12x+10=5x-10-7x+14$
$-8x+12=-2x+4$
$-6x=-8$　$x=\dfrac{4}{3}$

2 (1) **A 君は 5 本，B 君は 10 本**

(2) $\begin{cases}\textbf{A 君が鉛筆 7 本}\\ \textbf{B 君がサインペン 14 本}\end{cases}$

$\begin{cases}\textbf{A 君がボールペン 35 本}\\ \textbf{B 君が鉛筆 70 本}\end{cases}$

$\begin{cases}\textbf{A 君がボールペン 7 本}\\ \textbf{B 君がボールペン 14 本}\end{cases}$

解説 (1) A 君が鉛筆を x 本買ったとすると，B 君はボールペンを $2x$ 本買うから
$50\times 2x-30x=350$
$70x=350$　$x=5$
よって，A 君は 5 本，B 君は $5\times 2=10$(本)となる。

(2) A 君が x 本買ったとする。

	鉛筆	サインペン	ボールペン
A 君の代金	$30x$	$40x$	$50x$
B 君の代金	$60x$	$80x$	$100x$

B 君の代金から A 君の代金を引くと 350 円となるから，2 人の差を整理したときの x の係数が 350 の約数のときに限り，x は整数となる。
A 君が鉛筆を買ったとき
$60x-30x=30x$，$80x-30x=50x$，
$100x-30x=70x$ より，B 君はサインペンかボールペンを買った。ボールペンは(1)の場合であるから除く。
$50x=350$ より　$x=7$
よって，A 君が鉛筆 7 本，B 君がサインペン $7\times 2=14$(本)となる。
A 君がサインペンを買ったとき
$60x-40x=20x$，$80x-40x=40x$，
$100x-40x=60x$ より，代金の差が 350 円になることはない。
A 君がボールペンを買ったとき
$60x-50x=10x$，$80x-50x=30x$，
$100x-50x=50x$ より，B 君は鉛筆かボールペンを買った。
$10x=350$ より　$x=35$
よって，A 君がボールペン 35 本，B 君が鉛筆 $35\times 2=70$(本)となる。
また，$50x=350$ より　$x=7$
よって，A 君がボールペン 7 本，B 君がボールペン $7\times 2=14$(本)となる。

3 午前6時40分

解説 いつも歩く一定の速さを分速 a m，この速さで家から駅までかかる時間を x 分とする。歩く速さを $\frac{1}{4}$ だけ増すとき，その速さは

$\left(1+\frac{1}{4}\right)a=\frac{5}{4}a$ より，分速 $\frac{5}{4}a$ m である。

このとき，駅までの時間はいつもより $3+5=8$(分) だけ早いから

$ax=\frac{5}{4}a(x-8)$

$a\neq 0$ より，両辺を a で割り，4 倍すると
$4x=5(x-8)$ $4x=5x-40$
$x=40$

求める時刻は，午前7時15分の5分後の40分前になるから，午前6時40分である。

4 (1) **40 分後**
   (2) **20 分後に，点 B で出会う**

解説 (1) 正方形 ABCD のまわりの長さは $40\times 4=160$(m)
また AB＋BC＝$40+40=80$(m)
P が Q を初めて追い越すまでの時間を x 分とすると
$10x=8x+80$ $2x=80$ $x=40$
このとき，Q は，$8\times 40=320$(m) 移動し，$320\div 160=2$ より，点 C を出発してちょうど 2 周して点 C に戻っている。
よって，P と Q がはじめて点 C を同時に通過するのは，40 分後である。

(2) P と R は逆方向に移動するから，P と R が初めて出会うまでの時間を y 分とすると
$10y+6y=160$ $16y=160$ $y=10$
よって，P と R は 10 分ごとに出会う。
また，P は，$40\div 10=4$(分) ごとに頂点を通過する。10 と 4 の最小公倍数は 20 であるから，P と R は 20 分後に頂点で出会う。
$10\times 20=200$(m) より，その頂点は P が A から 200m 移動した点 B である。

5 (1) **5%**   (2) **20g**
   (3) **25g**

解説 (1) 水温が 30℃ のとき，
$20+x=30$ より $x=10$
$\frac{x}{2}=\frac{10}{2}=5$ であるから，物質 A は 5% の濃度まで溶ける。

(2) 物質 A が y g 残るとすると
$\frac{5}{100}(475+45-y)=45-y$
$520-y=900-20y$ $19y=380$
よって $y=20$

(3) 容器 I の溶液 200g に含まれる物質 A は
$\frac{5}{100}\times 200=10$(g)
水温が 60℃ のとき，$20+x=60$ より $x=40$
$\frac{x}{2}=\frac{40}{2}=20$ であるから，物質 A は 20% の濃度まで溶ける。容器 II で，物質 A が z g 残るとすると
$\frac{20}{100}(600+150-z)=150-z$
$750-z=750-5z$ $z=0$
よって，物質 A は全部溶ける。
この溶液 325g に含まれている物質 A は
$\frac{20}{100}\times 325=65$(g)
容器 III で，溶液の量は $200+325=525$(g)
物質 A の量は $10+65=75$(g)
水温が 40℃ のとき，$20+x=40$ より

$x=20$

$\dfrac{x}{2}=\dfrac{20}{2}=10$ であるから,物質 A は 10% の濃度まで溶ける。

容器Ⅲで,物質 A が t g 残るとすると

$\dfrac{10}{100}(525-t)=75-t$

$525-t=750-10t \qquad 9t=225$

よって $\quad t=25$

4 比例と反比例

▶**76** (1) $y=12$ (2) $y=5$
 (3) $z=\dfrac{16}{5}$ (4) $z=6$ (5) $z=1$

解説 (1) $y=a(x-2)$ とおく。

$x=3$ のとき $y=4$ であるから

$4=a(3-2) \qquad a=4$

よって $y=4(x-2)$

$x=5$ のとき $\quad y=4(5-2)=4\times 3=12$

(2) $y+1=\dfrac{a}{3-x}$ とおく。

$x=1$ のとき $y=3$ であるから

$3+1=\dfrac{a}{3-1} \qquad a=4\times 2=8$

よって $\quad y+1=\dfrac{8}{3-x}$

$x=\dfrac{5}{3}$ のとき

$y+1=\dfrac{8}{3-\dfrac{5}{3}}=\dfrac{8\times 3}{3\times 3-5}=\dfrac{24}{4}=6$

よって $y=5$

(3) $z=a(x+1),\ y=\dfrac{b}{x}$ とおく。

$y=1$ のとき $x=3$ であるから

$1=\dfrac{b}{3} \qquad b=3 \qquad$ よって $\quad y=\dfrac{3}{x}$

$y=3$ のとき, $3=\dfrac{3}{x}$ より $\quad x=1$

このとき,$z=4$ であるから

$4=a(1+1) \qquad 2a=4 \qquad a=2$

よって $\quad z=2(x+1)$

$y=5$ のとき, $5=\dfrac{3}{x}$ より $\quad x=\dfrac{3}{5}$

$z=2\left(\dfrac{3}{5}+1\right)=2\times\dfrac{8}{5}=\dfrac{16}{5}$

(4) $z=axy$ とおく。

$x=2,\ y=3$ のとき $z=2$ であるから

$2=a\times 2\times 3 \qquad 6a=2 \qquad a=\dfrac{1}{3}$

よって $\quad z=\dfrac{1}{3}xy$

$x=3,\ y=6$ のとき

$z=\dfrac{1}{3}\times 3\times 6=6$

(5) $x+1=a(y-2),\ x+1=\dfrac{b}{z-3}$ とおく。

$x=6$ のとき $y=1$ であるから

$6+1=a(1-2) \qquad -a=7 \qquad a=-7$

$x=6$ のとき $z=5$ であるから

$6+1=\dfrac{b}{5-3} \qquad \dfrac{b}{2}=7 \qquad b=14$

よって $\quad x+1=-7(y-2),\ x+1=\dfrac{14}{z-3}$

これより $\quad -7(y-2)=\dfrac{14}{z-3}$

$y-2=-\dfrac{2}{z-3}$

$y=3$ のとき $\quad 3-2=-\dfrac{2}{z-3}$

$1=-\dfrac{2}{z-3} \qquad z-3=-2$

よって $\quad z=1$

▶**77** (1) $a=\dfrac{1}{3}$, $b=2$

　　(2) $p=\dfrac{5}{4}$　(3) $a=4$, $b=4$

解説 (1) 右の図から，$x=a$ のとき $y=18$，$x=3$ のとき $y=b$ となる。よって

$18=\dfrac{6}{a}$ より　$a=\dfrac{6}{18}=\dfrac{1}{3}$

$b=\dfrac{6}{3}$ より　$b=2$

(2) $x=2$ のとき $y=5$，$x=8$ のとき $y=p$ となる。よって

$5=\dfrac{a}{2}$ より　$a=10$

$p=\dfrac{a}{8}$ より　$p=\dfrac{10}{8}=\dfrac{5}{4}$

(3) $x=1$ のとき $y=b$，$x=8$ のとき $y=\dfrac{1}{2}$ となる。よって

$\dfrac{1}{2}=\dfrac{a}{8}$ より　$a=4$

$b=\dfrac{a}{1}$ より　$b=\dfrac{4}{1}=4$

トップコーチ
グラフの変域では，
　x の変域は，x のとり得る値の範囲
　y の変域は，y のとる値の範囲
を表している。x の変域を定義域，y の変域を値域ともいう。
変域の問題は，グラフの概形をかいて考えるとよい。

▶**78** $a=20$

解説 $x=t$ のとき　$y=\dfrac{3}{t}$

t が 25% 増加すると

$x=(1+0.25)t=1.25t=\dfrac{5}{4}t$

このとき　$y=\dfrac{3}{x}=3\div\dfrac{5t}{4}=\dfrac{12}{5t}$

減少したのは

$\dfrac{3}{t}-\dfrac{12}{5t}=\dfrac{15}{5t}-\dfrac{12}{5t}=\dfrac{3}{5t}$

$\dfrac{3}{5t}\div\dfrac{3}{t}\times100=\dfrac{3}{5t}\times\dfrac{t}{3}\times100=\dfrac{1}{5}\times100=20$

よって，x の値が 25% 増加すると，y の値は 20% 減少する。

▶**79** (1) $a=-\dfrac{1}{4}$, $b=-\dfrac{1}{2}$

　　(2) $a=2$, $b=\dfrac{5}{4}$，

　　　　$\mathrm{A}\left(3,\ \dfrac{1}{4}\right)$, $\mathrm{B}\left(6,\ -\dfrac{15}{4}\right)$

解説 (1) 2点 A，B が原点について対称になるとき，A の x 座標，y 座標をそれぞれ -1 倍すると B の x 座標，y 座標となるから

$3a=-(a+1)$ より　$4a=-1$　$a=-\dfrac{1}{4}$

$-3b=-(b-1)$ より　$-2b=1$　$b=-\dfrac{1}{2}$

(2) A の x 座標に 3 をたし，y 座標から 4 を引くと点 B の座標が得られるから

$3a=a+1+3$ より　$2a=4$　$a=2$

$-3b=b-1-4$ より　$-4b=-5$　$b=\dfrac{5}{4}$

このとき

$a+1=2+1=3$, $b-1=\dfrac{5}{4}-1=\dfrac{1}{4}$ より

$\mathrm{A}\left(3,\ \dfrac{1}{4}\right)$

$3a=3\times 2=6$, $-3b=-3\times\dfrac{5}{4}=-\dfrac{15}{4}$ より

$B\left(6,\ -\dfrac{15}{4}\right)$

> **トップコーチ**
> $(a,\ b)$ と対称な点の座標は,
> 　x 軸に関して対称　…$(a,\ -b)$
> 　y 軸に関して対称　…$(-a,\ b)$
> 　原点に関して対称　…$(-a,\ -b)$
> 　$y=x$ に関して対称　…$(b,\ a)$
> と表される。

▶**80**　$a=24$

解説　点 P の座標は $\left(4,\ \dfrac{a}{4}\right)$ である。

△OAP＝△OBP より

$\dfrac{1}{2}\times 6\times\dfrac{a}{4}=\dfrac{1}{2}\times 9\times 4$

両辺を 8 倍して　$6a=144$　$a=24$

▶**81**　(1) $a=6$　(2) $\dfrac{9}{2}$

解説　(1) $y=\dfrac{2}{3}x$ において，$y=2$ のとき，

$2=\dfrac{2}{3}x$ より　$x=3$

よって，点 A の座標は (3, 2) で，双曲線

$y=\dfrac{a}{x}$ も点 A を通るから

$2=\dfrac{a}{3}$　$a=6$

(2) $y=\dfrac{6}{x}$ において，

$x=6$ のとき

$y=\dfrac{6}{6}=1$

よって，点 B の座標は (6, 1) で

ある。

図のように長方形を作ると，△OAB の面積は，長方形の面積から 3 つの直角三角形の面積を引いて求められるから

△OAB $=2\times 6-\dfrac{1}{2}\times 6\times 1-\dfrac{1}{2}\times 3\times 2$

$-\dfrac{1}{2}\times(6-3)\times(2-1)$

$=12-3-3-\dfrac{3}{2}=\dfrac{9}{2}$

点 P の x 座標を p とする。

△OAP＝△OAB より

$\dfrac{1}{2}\times p\times 2=\dfrac{9}{2}$　$p=\dfrac{9}{2}$

よって，点 P の x 座標は $\dfrac{9}{2}$ である。

▶**82** (1) $(-6, -2)$ (2) $y=\dfrac{1}{3}x$

(3) $y=\dfrac{12}{x}$ (4) $S=\dfrac{1}{6}a^2$

(5) $\dfrac{3}{2}$

解説 (1) 反比例のグラフは原点について対称であり，点 Q は原点について点 P と対称な点であるから，その座標は $(-6, -2)$ となる。

(2) $y=mx$ とおく。点 P(6, 2) を通るから
 $2=6m$ $m=\dfrac{1}{3}$ よって $y=\dfrac{1}{3}x$

(3) $y=\dfrac{k}{x}$ とおく。点 P(6, 2) を通るから
 $2=\dfrac{k}{6}$ $k=12$ よって $y=\dfrac{12}{x}$

(4) 点 B の座標は $\left(a, \dfrac{1}{3}a\right)$ であるから
 $S=\dfrac{1}{2}\times a\times\dfrac{1}{3}a$ よって $S=\dfrac{1}{6}a^2$

(5) 点 C の座標は $\left(a, \dfrac{12}{a}\right)$ であるから
 $\triangle\text{OAC}=\dfrac{1}{2}\times a\times\dfrac{12}{a}=6$
 よって $\triangle\text{OAB}=\dfrac{1}{4}\triangle\text{OAC}=\dfrac{1}{4}\times 6=\dfrac{3}{2}$

トップコーチ

右の図で，$\triangle\text{OAH}$ の面積は比例のグラフに関係なく，$\dfrac{1}{2}b$ である。

▶**83** (1) (6, 2) (2) (8, 8)
(3) 32

解説 (1) $xy=12$ で，$x=2$ のとき
 $2y=12$ より $y=6$
よって，点 A の座標は (2, 6) である。
点 B は，$xy=12$ のグラフ上にあって，OA=OB を満たす点である。
点 A の x 座標と y 座標を入れかえた点の座標は (6, 2) で，この点は $xy=12$ のグラフ上にあり，原点からの距離は OA に等しい。よって，この点が点 B となる。

(2) A は，O から x 軸方向に 2，y 軸方向に 6 移動した点である。
OA∥BC, OA=BC より，C は，B から x 軸方向に 2，y 軸方向に 6 移動した点である。
$6+2=8$, $2+6=8$ より，点 C の座標は (8, 8) である。

(3) A, B を結ぶ。このとき x 軸，y 軸，点 A を通り x 軸に平行な直線，点 B を通り y 軸に平行な直線の 4 直線で囲まれた正方形の面積から 3 つの直角三角形の面積を引くと，$\triangle\text{OAB}$ の面積が求められる。
$\triangle\text{OAB}=6\times 6-\dfrac{1}{2}\times 6\times 2-\dfrac{1}{2}\times 2\times 6$
$\qquad\qquad -\dfrac{1}{2}\times(6-2)\times(6-2)$
$=36-6-6-8=16$
ひし形 OBCA の面積は，$\triangle\text{OAB}$ の面積の 2 倍であるから $16\times 2=32$

トップコーチ
平行四辺形の頂点の座標は，平行四辺形の対辺が平行で長さが等しいことを利用して求めるとよい。

▶**84** (1) 2 　(2) $\dfrac{3}{10}$ 倍

解説 (1) $y=-\dfrac{4}{3}x$ において，$x=-3$ のとき

$y=-\dfrac{4}{3}\times(-3)=4$

よって，点 A の座標は $(-3,\ 4)$ である。

$y=\dfrac{a}{x}$ のグラフが点 $A(-3,\ 4)$ を通るから

$4=\dfrac{a}{-3}$　　$a=-12$

よって　$y=-\dfrac{12}{x}$

$y=-6$ のとき　$-6=-\dfrac{12}{x}$

$-6x=-12$　　$x=2$

よって，点 C の x 座標は 2 である。

(2) 点 C を通り y 軸に平行な直線と直線 AB との交点を E とする。E の x 座標は 2 で，

$y=-\dfrac{4}{3}\times 2=-\dfrac{8}{3}$ より　$E\left(2,\ -\dfrac{8}{3}\right)$

$EC=-\dfrac{8}{3}-(-6)=-\dfrac{8}{3}+\dfrac{18}{3}=\dfrac{10}{3}$

$y=-\dfrac{12}{x}$ のグラフは原点について対称であるから，点 B は原点について点 A と対称な点で，その座標は $(3,\ -4)$ となる。

△ABC＝△AEC＋△BEC

$=\dfrac{1}{2}\times\dfrac{10}{3}\times\{2-(-3)\}+\dfrac{1}{2}\times\dfrac{10}{3}\times(3-2)$

$=\dfrac{25}{3}+\dfrac{5}{3}=\dfrac{30}{3}=10$

△OBC と △ABC で，OB，AB をそれぞれ底辺とすると，高さは等しい。

$OB=\dfrac{1}{2}AB$ であるから

$△OBC=\dfrac{1}{2}△ABC$

よって　$△OBC=\dfrac{1}{2}\times 10=5$

　△ABC＝△AOD＋△COD＋△OBC

$=\dfrac{1}{2}\times OD\times 3+\dfrac{1}{2}\times OD\times 2+5=\dfrac{5}{2}OD+5$

これより　$\dfrac{5}{2}OD+5=10$

$5OD=10$　　$OD=2$

$△AOD=\dfrac{1}{2}\times 2\times 3=3$

$△AOD\div△ABC=3\div 10=\dfrac{3}{10}$

よって，△AOD の面積は △ABC の面積の $\dfrac{3}{10}$ 倍である。

(**参考**) 中学 2 年で学習する 1 次関数や，中学 3 年で学習する図形の相似を利用すれば，もう少し簡単に OD を求めることができる。

▶**85** (1) $P\left(a, \dfrac{1}{2}a\right)$, $Q\left(a, \dfrac{4}{a}\right)$

(2) $4-\dfrac{1}{2}a^2$ (3) $\dfrac{8}{3}$

解説 (1) $y=\dfrac{1}{2}x$ で，$x=a$ のとき

$y=\dfrac{1}{2}a$

よって，点 P の座標は $\left(a, \dfrac{1}{2}a\right)$

また，$y=\dfrac{4}{x}$ で，$x=a$ のとき $y=\dfrac{4}{a}$

よって，点 Q の座標は $\left(a, \dfrac{4}{a}\right)$

(2) $PS=a$, $PQ=\dfrac{4}{a}-\dfrac{1}{2}a$ より，長方形

PQRS の面積は

$PQ \times PS = \left(\dfrac{4}{a}-\dfrac{1}{2}a\right)a = 4-\dfrac{1}{2}a^2$

(3) 長方形 PQRS が正方形のとき，

$PQ=PS$ より $\dfrac{4}{a}-\dfrac{1}{2}a=a$

両辺を $2a$ 倍して $8-a^2=2a^2$

$3a^2=8$ $a^2=\dfrac{8}{3}$

よって，正方形 PQRS の面積は

$PS^2=a^2=\dfrac{8}{3}$

▶**86** (1) $\left(\dfrac{24}{a}, \dfrac{1}{2}a\right)$ (2) 4

解説 (1) $y=\dfrac{1}{2}x$ で，$x=a$ のとき

$y=\dfrac{1}{2}a$

よって，点 A の座標は $\left(a, \dfrac{1}{2}a\right)$

これより，点 D の y 座標は $\dfrac{1}{2}a$ である。

$y=\dfrac{12}{x}$ で，$y=\dfrac{1}{2}a$ のとき $\dfrac{1}{2}a=\dfrac{12}{x}$

両辺に $2x$ をかけて $ax=24$ $x=\dfrac{24}{a}$

よって，点 D の座標は $\left(\dfrac{24}{a}, \dfrac{1}{2}a\right)$

(2) $AB=\dfrac{1}{2}a$, $AD=\dfrac{24}{a}-a$ である。

四角形 ABCD が正方形のとき，

$AB=AD$ より $\dfrac{1}{2}a=\dfrac{24}{a}-a$

両辺に $2a$ をかけて $a^2=48-2a^2$

$3a^2=48$ $a^2=16$

よって，正方形 ABCD の面積は

$AB^2=\left(\dfrac{1}{2}a\right)^2=\dfrac{1}{4}a^2=\dfrac{1}{4}\times 16=4$

▶**87** (1) (10, 6) (2) $\dfrac{1}{4} \leqq a \leqq \dfrac{3}{2}$

(3) $a=\dfrac{2}{3}$

解説 (1) 平行四辺形の対角線は，それぞれの中点で交わる。

線分 AC の中点の座標は

$\left(\dfrac{4+8}{2}, \dfrac{6+2}{2}\right)$ より (6, 4)

点 D の座標を (x, y) とすると，線分 BD の中点の座標は

$\left(\dfrac{2+x}{2}, \dfrac{2+y}{2}\right)$

$\dfrac{2+x}{2}=6$ より $2+x=12$ $x=10$

$\dfrac{2+y}{2}=4$ より $2+y=8$ $y=6$

よって，点 D の座標は (10, 6)

(2) a は直線 $y=ax$ が点 C を通るとき最小で，点 A を通るとき最大となる。

点 C を通るとき，
$2=8a$ より $a=\dfrac{1}{4}$

点 A を通るとき，$6=4a$ より $a=\dfrac{3}{2}$

よって，求める a の値の範囲は
$\dfrac{1}{4} \leqq a \leqq \dfrac{3}{2}$

(3) 平行四辺形の面積は，対角線の交点を通る直線によって2等分される。
$y=ax$ が対角線の交点 (6, 4) を通るとき
$4=6a$ $a=\dfrac{2}{3}$

トップコーチ
(3)では，平行四辺形は点対称な図形（ある点を中心に180°回転させると，もとの図形にぴったりと重なる。）なので，対角線の交点を通る直線で2等分されることを利用する。

▶**88** 点 A の座標は $\left(a, \dfrac{1}{a}\right)$ であるから

$OB=a$，$AB=\dfrac{1}{a}$ である。できる立体は円柱で，展開図における側面は縦が AB，横が底面の円周と等しい長さの長方形である。よって，側面積は

$AB \times 2\pi \times OB = \dfrac{1}{a} \times 2\pi \times a = 2\pi$

となる。

トップコーチ
円柱の側面積は，
　（底面の円周の長さ）×（円柱の高さ）
で求めることができる。

▶**89** (1) 3個　(2) 29個

解説 (1) 下のグラフより，$y=-2$ のとき図形の周上および内部の格子点は●印で，その x 座標は
$x=-3$，-2，-1 の3通りある。

よって，格子点の個数は3個である。

(2) $x>0$，$y>0$ の範囲の格子点を数える。
$x=1$ のとき　$y=1$, 2, 3, 4, 5, 6
$x=2$ のとき　$y=1$, 2, 3
$x=3$ のとき　$y=1$, 2
$x=4$ のとき　$y=1$
$x=5$ のとき　$y=1$
$x=6$ のとき　$y=1$
よって，格子点は
$6+3+2+1+1+1=14$(個)
グラフは原点について対称であるから，$x<0$，$y<0$ の範囲にも14個ある。
原点 (0, 0) も含めて，格子点は全部で
$14 \times 2+1=29$(個)

トップコーチ
座標平面上で，x 座標，y 座標ともに整数となる点のことを格子点という。
格子点の個数は，正確な図をかき，数え上げるとよい。

▶**90** (1) 10 (2) 18 (3) 176

解説 (1)右の図より $N=10$

(2) 6 と 14 の最大公約数は 2 で,
$6 \div 2 = 3$
$14 \div 2 = 7$
より, $m=3$, $n=7$ の場合を考える。このとき, 右の図より $N=9$ である。
点 (3, 7) から点 (6, 14) を結ぶ線分が通過するマス目の数も 9 である。
よって, $m=6$, $n=14$ のとき
$N = 9 \times 2 = 18$

(3) 80 と 112 の最大公約数は 16 で,
$80 \div 16 = 5$
$112 \div 16 = 7$
より, $m=5$, $n=7$ の場合を考える。このとき, 右の図より $N=11$ である。
$m=80$, $n=112$ のときは, $m=5$, $n=7$ の場合が 16 回くり返される。
よって $N = 11 \times 16 = 176$

▶**91** 18個

解説 右の図より, x 座標, y 座標がともに整数である点は
$x=0$ のとき $y=0$
$x=1$ のとき
  $y=1, 2, 3$
$x=2$ のとき
  $y=1, 2, 3, 4, 5, 6$
$x=3$ のとき $y=1, 2, 3, 4$
$x=4$ のとき $y=2, 3$
$x=5$ のとき $y=2$
$x=6$ のとき $y=2$
よって, 全部で
$1+3+6+4+2+1+1 = 18$(個)

▶**92** (1) 8 (2) 15
  (3) 8 (4) $\dfrac{81}{4}$

解説 (1) 点 Q の x 座標も 4 であるから,
y 座標は $y = 2 \times 4 = 8$

(2) 点 Q の y 座標は $y = 2 \times 10 = 20$
点 P の y 座標は $y = \dfrac{1}{2} \times 10 = 5$
よって $PQ = 20 - 5 = 15$

(3) $x > 0$ であるから
$PQ = 2x - \dfrac{1}{2}x = \dfrac{3}{2}x$
$PQ = 12$ より $\dfrac{3}{2}x = 12$ $x = 8$

(4) 点 P の x 座標が 6 のとき, y 座標は
$y = \dfrac{1}{2} \times 6 = 3$
点 Q の y 座標は $y = 2 \times 6 = 12$
よって $PQ = 12 - 3 = 9$
また, 点 R の y 座標は 3 であるから, x 座標は, $2x = 3$ より $x = \dfrac{3}{2}$
よって $PR = 6 - \dfrac{3}{2} = \dfrac{9}{2}$
$\triangle QRP = \dfrac{1}{2} \times \dfrac{9}{2} \times 9 = \dfrac{81}{4}$

▶**93** (3, 6), (6, 3), (9, 2), (18, 1)

解説 x 座標が正の整数である点 P の座標は (1, 18), (2, 9), (3, 6), (6, 3), (9, 2), (18, 1)
x 座標が負の整数である点 Q の座標は
(−1, 12), (−2, 6), (−3, 4), (−4, 3), (−6, 2), (−12, 1)
このうち, 点 Q と y 座標が等しい点 P の座標は (3, 6), (6, 3), (9, 2), (18, 1)

▶**94** (1) ア 18　イ 7
　　 (2) ウ $\dfrac{11}{7}$　(3) エ 2

解説 (1) 点 A(6, 3) は $y=\dfrac{a}{x}$ 上の点であるから　$3=\dfrac{a}{6}$　$a=18$　…ア

点 B の x 座標を t とすると, y 座標は $\dfrac{b}{t}$ で, 長方形 OHBK の面積は 7 であるから
$t\times\dfrac{b}{t}=7$　$b=7$　…イ

(2) 点 D の y 座標は　$y=\dfrac{7}{1}=7$
よって, 点 E の y 座標は 7 であり, x 座標は, $7=\dfrac{18}{x}$ より　$x=\dfrac{18}{7}$
DE$=\dfrac{18}{7}-1=\dfrac{11}{7}$　…ウ

(3) 点 C の y 座標は　$y=\dfrac{18}{1}=18$
よって　CD$=18-7=11$
CD を底辺としたとき, △CDP の高さは x 座標の差で, $p-1$ となる。このとき
△CDP$=\dfrac{1}{2}\times 11\times(p-1)=\dfrac{11(p-1)}{2}$
これが正の整数となるのは, $p-1$ が偶数, つまり, p が 1 より大きい奇数の場合である。$x>1$ のとき, ①上の点で x 座標が 1 より大きい奇数, y 座標が整数となるのは (3, 6), (9, 2) の 2 個である。　…エ

▶**95** (1) (7, 5)　(2) $y=\dfrac{5}{7}x$

解説 (1) 直線 OB の式は $y=5x$ であり, $x=2$ のとき, $y=5\times 2=10$ であるから, 点 B の座標は (2, 10) となる。
△OAC の面積は, △OAB の面積の $\dfrac{1}{2}$ であるから, 辺 OA を共通の底辺とすると, 高さは $\dfrac{1}{2}$ となる。
点 B の y 座標は 10 であるから, $10\div 2=5$ より, 点 C の y 座標は 5 である。
このとき, $-k+12=5$ より　$k=7$
ゆえに, 点 C の座標は (7, 5)

(2) 直線 OC の式を $y=ax$ とおくと, 点 (7, 5) を通るから
$5=7a$　すなわち　$a=\dfrac{5}{7}$
よって, 直線 OC の式は　$y=\dfrac{5}{7}x$

▶**96** (1) L(1, 7), M(−1, −10),
　　　 N(8, 4)
　　 (2) P(−2, 2), Q(−4, −15),
　　　 R(5, −1)
　　 (3) $\dfrac{125}{2}$　(4) D(3, −13)
　　 (5) 125　(6) 125

解説 (1) A(−2, 7), B(−4, −10), C(5, 4) の x 座標に 3 をたして
L(1, 7), M(−1, −10), N(8, 4)

(2) A, B, C の y 座標から 5 をひいて
P(−2, 2), Q(−4, −15), R(5, −1)

(3) 右の図のように点をとる。このとき
EB＝7－(－10)
　　＝17
EI＝5－(－4)
　　＝9
EA＝－2－(－4)
　　＝2
HC＝4－(－10)＝14
CI＝7－4＝3
AI＝5－(－2)＝7
となる。よって
△ABC＝長方形EBHI－△AEB
　　　　－△BHC－△CIA
　　　＝$17×9-\frac{1}{2}×2×17$
　　　　$-\frac{1}{2}×9×14-\frac{1}{2}×7×3$
　　　＝$153-17-63-\frac{21}{2}$
　　　＝$\frac{125}{2}$

(4) AI＝7，CI＝3より，点Cは点Aをx軸方向に7，y軸方向に－3だけ平行移動した点である。点Bを同じように平行移動した点が点Dであるから
－4＋7＝3，－10－3＝－13 より，点Dの座標は (3, －13)

(5) EF＝7－(－13)＝20，
BF＝－10－(－13)＝3，FD＝3－(－4)＝7，
DG＝5－3＝2，GC＝4－(－13)＝17 であるから，(3)と同様に考えて
平行四辺形ABDC
＝長方形EFGI－△AEB－△BFD
　　－△DGC－△CIA

＝$20×9-\frac{1}{2}×2×17-\frac{1}{2}×7×3$
　$-\frac{1}{2}×2×17-\frac{1}{2}×7×3$
＝$180-17-\frac{21}{2}-17-\frac{21}{2}$
＝125

(6) 平行四辺形ABDCは，△ABCを2つ合わせてできる図形だから
平行四辺形ABDC
＝$△ABC×2=\frac{125}{2}×2=125$

▶**97** 分速$\frac{1200}{11}$m

解説 はじめの速さは，$\frac{400}{6}=\frac{200}{3}$より，

分速$\frac{200}{3}$mであり，この速さで学校まで歩くのにかかる時間は

$2000÷\frac{200}{3}=2000×\frac{3}{200}=30$(分)

忘れ物に気がついた地点から家に戻り，再び学校まで歩くときの道のりは
400＋2000＝2400(m)
時間は　30－6－2＝22(分)
よって，2400mを22分で歩かなければならないから，$\frac{2400}{22}=\frac{1200}{11}$より，求める速さは毎分$\frac{1200}{11}$mである。

$400 \div \dfrac{1200}{11} + 6 = \dfrac{11}{3} + 6 = \dfrac{29}{3}$ より，家に戻ったのは $\dfrac{29}{3}$ 分後．$\dfrac{29}{3} + 2 = \dfrac{35}{3}$ より，再び家を出たのは $\dfrac{35}{3}$ 分後である．これと，30 分後に学校に着くことから，グラフは前ページのようになる．

▶**98** (1) $a=3$ (2) $k=8$，$\ell=16$
　　 (3) ① $S=2t^2$ ② $S=8$

解説 (1) 直線 $y=4x$ が点 $(a, 12)$ を通るから $12=4a$　よって $a=3$

(2) $y=\dfrac{16}{x}$ において，x が増加すると y は減少する．x の変域が $1 \leqq x \leqq k$ のとき，y は $x=k$ のとき最小，$x=1$ のとき最大となるから，2 点 $(k, 2)$，$(1, \ell)$ を通る．

よって $2=\dfrac{16}{k}$ より $2k=16$　 $k=8$

$\ell = \dfrac{16}{1}$ より $\ell = 16$

(3) ① $0 \leqq t \leqq 2$ のとき，点 L の座標は，$(t, 4t)$ であるから
$S = \dfrac{1}{2} \times \text{OT} \times \text{TL} = \dfrac{1}{2} \times t \times 4t = 2t^2$

② $t > 2$ のとき，点 L の座標は $\left(t, \dfrac{16}{t}\right)$ であるから
$S = \dfrac{1}{2} \times \text{OT} \times \text{TL} = \dfrac{1}{2} \times t \times \dfrac{16}{t} = 8$

▶**99** (1) $a=2$ (2) C$(4, 2)$
　　 (3) B$(5, 3)$ (4) D$(2, 2)$
　　 (5) A$\left(\dfrac{5}{3}, \dfrac{10}{3}\right)$

解説 (1) 直線 $y=\dfrac{1}{a}x$ が，点 E$(6, 3)$ を通るから　$3=\dfrac{1}{a} \times 6$　 $3a=6$　 $a=2$

(2) (1)より，直線 ℓ は $y=2x$，直線 m は $y=\dfrac{1}{2}x$ である．

頂点 A の y 座標が 6 のとき，$6=2x$ より，$x=3$ であるから，A$(3, 6)$，D$(4, 6)$ となり，点 C の x 座標は 4 となる．

$y=\dfrac{1}{2} \times 4 = 2$ より　C$(4, 2)$

(3) 頂点 D の y 座標が 10 のとき，A の y 座標も 10 である．$10=2x$ より，$x=5$ であるから，A$(5, 10)$，
D$(6, 10)$ となり，点 C の x 座標は 6 で，
$y=\dfrac{1}{2} \times 6 = 3$ より　C$(6, 3)$

点 B は，点 C を x 軸方向に -1 だけ平行移動した点であるから　B$(5, 3)$

(4) 点 A の座標を $(t, 2t)$ とする．正方形 ABCD の 1 辺の長さは 1 であるから
B$(t, 2t-1)$，C$(t+1, 2t-1)$，
D$(t+1, 2t)$ となる．
点 C は直線 m 上の点であるから
$2t-1 = \dfrac{1}{2}(t+1)$　 $4t-2=t+1$
$3t=3$　よって　$t=1$
ゆえに，D$(2, 2)$ となる．

(5) AB : AD = 2 : 1 で，AD = 1 であるから AB = 2
点 A の座標を $(k, 2k)$ とすると，
B$(k, 2k-2)$，C$(k+1, 2k-2)$ となる．
点 C は直線 m 上の点であるから
$2k-2 = \dfrac{1}{2}(k+1)$　 $4k-4=k+1$　 $3k=5$
よって　$k=\dfrac{5}{3}$

ゆえに，A$\left(\dfrac{5}{3}, \dfrac{10}{3}\right)$ となる．

第4回 実力テスト

1 (1) $x=-\dfrac{5}{11}$ (2) $y=\dfrac{4}{3}x+\dfrac{5}{3}$

    (3) $y=18$ (4) $z=\dfrac{9}{7}$

解説 (1) $y+1=a(x+3)$ とおく。

$x=\dfrac{1}{2}$ のとき $y=10$ であるから

$10+1=a\left(\dfrac{1}{2}+3\right)$ $11=\dfrac{7}{2}a$

$a=\dfrac{22}{7}$

よって $y+1=\dfrac{22}{7}(x+3)$

$y=7$ のとき $7+1=\dfrac{22}{7}(x+3)$

両辺を7倍して $56=22x+66$

$22x=-10$ $x=-\dfrac{5}{11}$

(2) $y-1=a(2x+1)$ とおく。

$x=1$ のとき $y=3$ であるから

$3-1=a(2+1)$ $2=3a$ $a=\dfrac{2}{3}$

よって $y-1=\dfrac{2}{3}(2x+1)$

$y=\dfrac{4}{3}x+\dfrac{2}{3}+1$ $y=\dfrac{4}{3}x+\dfrac{5}{3}$

(3) $y-2=\dfrac{a}{x+1}$ とおく。

$x=3$ のとき $y=-2$ であるから

$-2-2=\dfrac{a}{3+1}$ $-4=\dfrac{a}{4}$ $a=-16$

よって $y-2=-\dfrac{16}{x+1}$

$x=-2$ のとき $y-2=-\dfrac{16}{-2+1}$

$y-2=16$ $y=18$

(4) $y-1=a(x+1)$ とおく。

$x=1$ のとき $y=5$ であるから

$5-1=a(1+1)$ $4=2a$ $a=2$

よって $y-1=2(x+1)$

$z=\dfrac{b}{y-2}$ とおく。

$y=-1$ のとき $z=-3$ であるから

$-3=\dfrac{b}{-1-2}$ $-3=-\dfrac{b}{3}$ $b=9$

よって $z=\dfrac{9}{y-2}$

$x=3$ のとき $y-1=2(3+1)$

$y=8+1=9$

$z=\dfrac{9}{9-2}=\dfrac{9}{7}$

2 (1) $y=\dfrac{19}{3}x$ (2) 6人, 9人

解説 (1) 当番ののべ人数を2通りの方法で計算して

$x(240-12)=y\times 36$

$228x=36y$

よって $y=\dfrac{19}{3}x$

(2) y は整数であるから，(1)より x は5以上10以下の3の倍数である。

よって $x=6, 9$

3 (1) $a=6$ (2) $P(2, 3)$

    (3) $\dfrac{2}{3}\leqq b\leqq\dfrac{3}{2}$

解説 (1) 点Pの y 座標は $\dfrac{a}{2}$，点Qの y 座標は $\dfrac{a}{3}$ で，差が1であるから

$\dfrac{a}{2}-\dfrac{a}{3}=1$ $3a-2a=6$ $a=6$

(2) $x=2$ のとき，$y=\dfrac{6}{2}=3$ より，点 P の座標は (2, 3)

(3) $x=3$ のとき，$y=\dfrac{6}{3}=2$ より，点 Q の座標は (3, 2)

$y=bx$ が線分 PQ と交わるとき，b が最小となるのは点 Q を通るときで

$2=3b$ より $b=\dfrac{2}{3}$

b が最大となるのは点 P を通るときで

$3=2b$ より $b=\dfrac{3}{2}$

よって $\dfrac{2}{3} \leqq b \leqq \dfrac{3}{2}$

4 (1) $a=12$ (2) 6 個
　　(3) イ

解説 (1) $y=\dfrac{a}{x}$ のグラフが A$\left(24, \dfrac{1}{2}\right)$ を通るから $\dfrac{1}{2}=\dfrac{a}{24}$ $a=12$

(2) $y=\dfrac{12}{x}$ のグラフ上の点で，y 座標が正の整数となるのは，x が 12 の正の約数のときである。そのような点は
(1, 12), (2, 6), (3, 4), (4, 3), (6, 2), (12, 1)
の 6 個である。

(3) 点 P の座標は $\left(t, \dfrac{12}{t}\right)$ であるから
PR$=t$，PQ$=\dfrac{12}{t}$

よって $S=\dfrac{1}{2} \times t \times \dfrac{12}{t}=6$

t の値に関係なく，$S=6$ となるから，グラフはイである。

5 平面図形

▶**100** (1) 線分が 3 本，半直線が 2 本
　　(2) (ア) 中点　(イ) $\dfrac{1}{2}$　(ウ) 2

解説 (1) 図のように，線分が 3 本，半直線が 2 本できる。

(2) (ア) 線分 AB の長さを 2 等分する点を，線分 AB の中点という。
(イ) 線分 AM と線分 BM の長さは，どちらも線分 AB の長さの $\dfrac{1}{2}$ である。
(ウ) AM$=\dfrac{1}{2}$AB より　AB$=2$AM

▶**101** (1) ① 直線　② 線分
　　(2) ① 角
　　　② ∠BAC（または ∠A, ∠CAB）

解説 (1) ① 1 点を通る直線は無数にあるが，2 点を通る直線はただ 1 本である。
② 2 点 A, B を結ぶ曲線は無数にある。その中で，長さが最も短いものが線分 AB である。

(2) 点 A を端とする 2 本の半直線 AB, AC がつくる図形を記号で ∠BAC, ∠CAB と書く。または，単に ∠A と書くこともある。

▶**102** (1) ① $45°$ ② $105°$
　　　　 ③ $30°$ ④ $105°$
　　(2) ① 1，平行，$\parallel$
　　　　 ② 垂直，$\perp$，垂線　③ 距離

解説　(1) ① 対頂角は等しいから
$\angle a=45°$
② $\angle a+\angle b+30°=180°$ より
$\angle b=180°-30°-\angle a=150°-45°=105°$
③ 対頂角は等しいから　$\angle c=30°$
④ $\angle d=\angle b=105°$
(2) ① ℓ と交わる直線は無数にあるが，交わらない直線 m は，ℓ と平行なものだけである。
② $\angle Q$ が直角のとき，ℓ と m は垂直であるといい，$\ell \perp m$ と書く。また，m を ℓ の垂線という。
③ P が ℓ 上にない点，Q が ℓ 上の点で，PQ$\perp \ell$ のとき，線分 PQ の長さを，点 P と直線 ℓ の距離という。

▶**103** (1), (2), (4), (5), (6)

解説　(1) 3 辺の長さは決まっている。また，(最大辺の長さ)<(他の 2 辺の長さの和)を満たしていることも条件である。
(2) 2 辺の長さとその間の角の大きさが決まっている。
(3) 2 辺の長さは決まっているが，$\angle C$ はその 2 辺の間の角ではない。
(4) 1 辺の長さとその両端の角の大きさが決まっている。
(5) $\angle C=180°-\angle A-\angle B=180°-70°-30°$
　　　$=80°$
と決まるので，1 辺の長さ CA とその両端の角 $\angle C$，$\angle A$ の大きさが決まっている。
(6) $\angle B=\angle C=(180°-\angle A)\div 2$
　　　　$=(180°-30°)\div 2=75°$
と決まるので，1 辺の長さ BC とその両端の角 $\angle B$，$\angle C$ の大きさが決まっている。

▶**104** (1) A′B′　(2) AC，A′C′
　　(3) $\angle$A′B′C′

解説　(1) 辺 AB を平行移動したものが辺 A′B′ であるから　AB$\parallel$A′B′
(2) $\angle$B′A′C′$=90°$ であるから　A′B′$\perp$A′C′
また，AC$\parallel$A′C′ であるから　A′B′$\perp$AC
(3) △ABC と △A′B′C′ は合同であるから，対応する角は等しい。
よって　$\angle$ABC$=\angle$A′B′C′

▶**105**　線分 CF，$40°$

解説　点 O を中心として，点 A を $40°$ 回転移動すると点 C に，点 B を $40°$ 回転移動すると点 F に重なる。よって，線分 AB を $40°$ 回転移動すると線分 CF に重なる。

▶**106** (1) 直線 ℓ は対称の軸であるから，線分 AA′ の垂直二等分線になっている。よって，直線 ℓ 上の点 P に対して，PA$=$PA′ となる。
　　(2) (ア)，(イ)，(エ)

解説　(1) 線分 AA′ の垂直二等分線とは，2 点 A，A′ から等距離にある点の集まりのことであるから，PA$=$PA′ となる。
(2) 正三角形は，頂点とその対辺の中点を通る直線を対称の軸とする線対称な図形である。
　　長方形は，向かい合う 2 辺の中点を通る直線を対称の軸とする線対称な図形である(対称の軸は 2 本ある)。
　　平行四辺形は，点対称な図形であるが，線対称ではない。
　　円は，直径を対称の軸とする線対称な図形である(対称の軸は無数にある)。

▶**107** (1) AB, CD (CD, AB でもよい)，
　　　　 AB, CD (CD, AB でもよい)，
　　　　 中心角，等しい
　　　(2) AB, BC, CD, DE（順不同），
　　　　 2, 3, 4, 比例
　　　(3) いえない（理由は解説参照）

解説 (1) 半径と中心角が等しい2つのおうぎ形において，弧の長さは等しく，弦の長さも等しい。
(2) 1つの円で，弧の長さは，中心角の大きさに比例する。
(3) 1つの円で，弦の長さは，中心角の大きさに比例しない。
　（理由） (2)の図で　∠AOC＝2∠AOB
一方，三角形の2辺の長さの和は，他の1辺の長さより大きいから
　AB＋BC＞AC
　AB＝BCより　2AB＞AC
ゆえに，中心角が2倍になっても，弦の長さは2倍より小さいから，比例するとはいえない。

▶**108** 線分 AB の垂直二等分線

解説 OA＝OB が成り立つから，点 O は 2 点 A, B から等距離にある点の集まりである垂直二等分線上にある。

▶**109**

ただし，直線 OX 上と，∠XOY の二等分線上は含まない。

解説 P から OX までの距離と，P から OY までの距離が等しい点の集まりは，∠XOY の二等分線である。この問題では，点 P は OY より OX に近いから，∠XOY の二等分線と OX のつくる角の内部に点 P はある。

※以下，作図の問題の解答の図で，①，②，③，…は作図の順序を表している。同じ番号の場合は，同じ円周上の弧である。入試の際には，特に指示がある場合を除いて，番号は書かなくてよい。

▶**110** (1)

(2)

(3)

解説 (1) 線分 XY の垂直二等分線と ℓ との交点が点 O である。
(2) ①～④で∠XOY の二等分線をかく。⑤～⑧で点 A における直線 OY の垂線をかく。④と⑧の交点を中心として，点 A を通る円⑨をかく。これが求める円である。

(3) ①〜④で点Pにおける直線 m の垂線をかく。⑤〜⑧でこの垂線と直線 ℓ のなす鋭角の二等分線をかく。m と⑧の交点を中心として点Pを通る円⑨をかく。
④が点Pにおける半円Oの接線，⑨が線分OP上に中心があり，半円Oと線分OBに接する円である。

> **トップコーチ**
> 作図には，円をかいたり，長さをはかりとるためのコンパスと，直線を引くための定規を用いる。(他の器具は使えない。)
> ・垂直二等分線は，2点から等距離にある点の集まりである。
> ・角の二等分線は，2辺から等距離にある点の集まりである。
> 作図の応用問題は，上の性質などを利用して，垂直二等分線や角の二等分線の作図をうまく使って解く。

▶**111** (1)

(2)

解説 (1) 線分OBをOの側に延長し，円の弧を延長する。①と②の交点をA′とすると，線分A′Bは直径となる。③〜⑤で点Oを通り直径A′Bに垂直な直線をかく。

⑥〜⑧でOAと⑤のなす鋭角の二等分線をかき，おうぎ形との交点をPとすると
∠AOP = (160°−90°)÷2 = 70°÷2 = 35°
となる。

(2) ①〜③で点Oを通り直径ABに垂直な直線をかく。④で点Bを中心とする半径OBの円をかき，半円の弧との交点をCとすると，OC = OB = BC であるから，
△OBC は正三角形となり，∠BOC = 60°
となる。⑤〜⑦で，③と半径OCのなす鋭角の二等分線をかき，半円の弧との交点をPとすると
∠AOP = 90°+(90°−60°)÷2
 = 90°+15° = 105°
となる。

▶**112** (1)

(2)

(3)

解説 (1) 2つの弧の2交点を結ぶ線分の垂直二等分線が対称の軸である。

(2) ①～③で線分 AB の垂直二等分線をかく。③と $\overparen{AB}$ との交点を C とし，④～⑥で線分 BC の垂直二等分線を作図する。③と⑥の交点を O とする。点 O は $\overparen{AB}$ を含む円の中心である。⑦で③上に点 O と直線 ℓ について対称な点 O′ をとる。⑧で点 O′ を中心として点 A から点 B まで円の弧をかく。この弧が求めるものである。

(3) 線分 BD の垂直二等分線と辺 AD，BC との交点をそれぞれ P，Q とする。

トップコーチ
線対称な図形では，対応する2点を結ぶ線分の垂直二等分線が対称の軸となる。

▶**113**

解説 ①～④で点 A を通り直線 ℓ に垂直な直線を引く。④と ℓ との交点を中心として点 A を通る円⑤をかく。円と④，ℓ との交点を順に結んで四角形⑥をかく。これが求める正方形である。

▶**114**

解説 ①～③で線分 BC の垂直二等分線を引き，線分 BC の中点を M とする。④で線分 AM，⑤で線分 AP を引く。⑥で点 M を通り AP に平行な直線を引き，辺 AC との交点を Q とする。⑦で直線 PQ を引く。
これが求める直線である。
M は辺 BC の中点であるから

$$\triangle ACM = \frac{1}{2}\triangle ABC$$

△AQM と △PQM は，QM を底辺とすると，AP∥QM より，高さは等しいから
△AQM＝△PQM
よって　△CPQ＝△CMQ＋△PQM
　　　　　　＝△CMQ＋△AQM
　　　　　　＝△ACM
　　　　　　＝$\frac{1}{2}$△ABC

したがって，直線 PQ は △ABC の面積を2等分する。

トップコーチ
面積を変えずに形を変えることを等積変形という。

・平行線での等積変形

① △ABC＝△ABD
② △AOC＝△BOD

等積変形は図形の問題ばかりではなく，関数と図形との融合問題でもよく使うテクニックなのでしっかり理解しておきたい。

▶**115** (1)

(2) $(2a-b)$ cm

解説 (1) ∠B の二等分線と辺 AC との交点を D とする。

(2) $AD+DE=AC=a$(cm)
$AE=AB-BE=AB-BC=a-b$(cm)
よって，△AED の 3 辺の長さの和は
$AD+DE+AE=a+(a-b)=2a-b$(cm)

▶**116** (1)

(2)

(3)

解説 (1) ①～③で円の半径を等しくすると，②と③の交点は，A から直線 PQ に下ろした垂線上の点であり，直線 PQ について点 A と対称な点となる。この点を L とし，④で線分 LB をかく。線分 LB と直線 PQ との交点を T とすると，
∠ATP＝∠LTP＝∠BTQ
であるから，A，T，B を順に結んでできる折れ線⑤が，球が点 A から点 B まで転がったあとである。

(2) (1)と同様にして，①～③で直線 PQ について点 A と対称な点 L をとる。また，①，②，④で直線 PR について点 A と対称な点 M をとる。⑤～⑦で直線 QR について点 L と対称な点 N をとる。直線 MN(⑧)と直線 QR の交点と点 L を通る直線⑨を引く。最後に，点 A，⑨と PQ の交点，⑧と QR の交点，⑧と PR の交点，点 A を順に結んでできる折れ線が求めるものである。

(3) (1)と同様にして，①～③で直線 PQ について点 A と対称な点 L をとり，④で直線 LC を引く。⑤～⑦で直線 QR について点 C と対称な点をとり，この点と，④と QR との交点を通る直線⑧を引く。点 R を中心として半径 RA の円⑨をかき，⑧との交点を A′ とする。⑩～⑫で∠ARA′ の二等分線を引く。点 R を中心として半径 PR の円⑬をかく。⑫と⑬の交点が点 S となる。

▶ **117**

解説 ①で対角線 AG を引く。②, ③, ④, ⑥で ∠AGE の二等分線を引く。②, ③, ⑤, ⑦で ∠AGH の二等分線を引く。⑥と辺 AE の交点を I, ⑦と辺 AH の交点を J とし, I と J を結ぶ線分⑧をかく。①と⑧の交点を K とすると, IE＝IK＝JH＝JK より, IJ＝2IE となる。2IE が八角形の 1 辺の長さで, IJ＝2IE であるから, 正八角形ができる。よって, ⑧が求める切り取り線である。

▶ **118** (1) $60\pi \text{ cm}^2$ (2) 10π (3) $\dfrac{16}{3}\pi \text{ cm}^2$ (4) π

解説 (1) $\overset{\frown}{AB}$ の長い方の長さは
$2\pi \times 10 - 8\pi = 20\pi - 8\pi = 12\pi \text{ (cm)}$
この弧に対する中心角は
$\dfrac{12\pi}{20\pi} \times 360° = \dfrac{3}{5} \times 360° = 216°$
よって, 求める面積は
$\pi \times 10^2 \times \dfrac{216}{360} = 100\pi \times \dfrac{3}{5} = 60\pi \text{ (cm}^2)$

(別解) 弧の長さから面積を求める公式
おうぎ形の面積 ＝ $\dfrac{1}{2}$ × 弧の長さ × 半径
を使うと $\dfrac{1}{2} \times 12\pi \times 10 = 60\pi \text{ (cm}^2)$ となる。

(2) おうぎ形の中心角は
$\dfrac{6\pi}{2\pi \times 10} \times 360° = \dfrac{3}{10} \times 360° = 108°$

$OD = \dfrac{2}{3}OA = \dfrac{20}{3}$, $OC = \dfrac{1}{3}OA = \dfrac{10}{3}$
であるから, 求める面積は
$\left\{\pi \times \left(\dfrac{20}{3}\right)^2 - \pi \times \left(\dfrac{10}{3}\right)^2\right\} \times \dfrac{108}{360}$
$= \left(\dfrac{400}{9} - \dfrac{100}{9}\right)\pi \times \dfrac{3}{10}$
$= \dfrac{300}{9}\pi \times \dfrac{3}{10} = 10\pi$

(3) かげの部分の面積は

半円 ＋ 中心角 30° のおうぎ形 － 半円

で求められるから, 中心角 30° のおうぎ形の面積に等しい。よって
$\pi \times 8^2 \times \dfrac{30}{360} = 64\pi \times \dfrac{1}{12} = \dfrac{16}{3}\pi \text{ (cm}^2)$

(4) △ABM 内のかげの部分を点 A を中心として 120° 回転させると, 右の図のようになる。
よって, 求める面積は
$(\pi \times 2^2 - \pi \times 1^2) \times \dfrac{120}{360} = 3\pi \times \dfrac{1}{3} = \pi$

トップコーチ

半径 r, 中心角 $a°$ のおうぎ形の面積を S とすると
$S = \underset{\text{円の面積}}{\underline{\pi r^2}} \times \dfrac{a}{360}$

また, 半径 r, 弧の長さ ℓ のおうぎ形の面積を S とすると
$S = \dfrac{1}{2}\ell r$

となる。このとき, 中心角は
$360° \times \dfrac{\ell}{2\pi r}$

▶**119** (1) 9π cm (2) $\dfrac{3}{2}\pi$ cm^2
(3) ① 12π m ② 42π m^2

解説 (1) $\angle AOB = \dfrac{2\pi}{2\pi \times 8} \times 360° = 45°$
$\angle COD = 180° - \angle AOB = 180° - 45° = 135°$
よって，$\overparen{CD}$ の長さは
$2\pi \times 12 \times \dfrac{135}{360} = 24\pi \times \dfrac{3}{8} = 9\pi$ (cm)

(2) △ABC 内のかげの部分を点 C を中心として 135° 回転させると，右の図のようになる。
AC を対角線とする正方形の面積に着目して
$\dfrac{1}{2}AC^2 = AB^2 = 4$ $AC^2 = 8$
よって，求める面積は
$(\pi \times AC^2 - \pi \times CD^2) \times \dfrac{135}{360}$
$= (8\pi - 4\pi) \times \dfrac{3}{8} = \dfrac{3}{2}\pi$ (cm^2)

(3) ① AB = 3m，CP = 6m，AQ = 9m で，$\angle ABP = \angle PCQ = \angle QAR = 120°$ であるから，求める長さは
$(2\pi \times 3 + 2\pi \times 6 + 2\pi \times 9) \times \dfrac{120}{360}$
$= 36\pi \times \dfrac{1}{3} = 12\pi$ (m)

② 求める面積は
$(\pi \times 3^2 + \pi \times 6^2 + \pi \times 9^2) \times \dfrac{120}{360}$
$= 126\pi \times \dfrac{1}{3} = 42\pi$ (m^2)

▶**120** (1) 14π (2) $\dfrac{182}{3}\pi$

解説 (1) おうぎ形の半径は，2，4，6，8，10，12 で中心角はすべて 60° であるから
$\ell = 2\pi \times (2 + 4 + 6 + 8 + 10 + 12) \times \dfrac{60}{360}$
$= 2\pi \times 42 \times \dfrac{1}{6} = 14\pi$

(2) $S = \pi(2^2 + 4^2 + 6^2 + 8^2 + 10^2 + 12^2) \times \dfrac{60}{360}$
$= \pi \times 364 \times \dfrac{1}{6} = \dfrac{182}{3}\pi$

▶**121** 75°

解説 $AC = CO = OD = DB = a$ とする。
点 A を含む図形の面積は
$\pi \times (2a)^2 \times \dfrac{180-x}{360} + \pi \times a^2 \times \dfrac{x}{360}$
$= \dfrac{\pi a^2}{360}\{4(180-x) + x\} = \dfrac{\pi a^2}{360}(720 - 3x)$
$= \dfrac{\pi a^2}{120}(240 - x)$

点 B を含む図形の面積は
$\pi \times (2a)^2 \times \dfrac{x}{360} + \pi \times a^2 \times \dfrac{180-x}{360}$
$= \dfrac{\pi a^2}{360}\{4x + (180-x)\} = \dfrac{\pi a^2}{360}(180 + 3x)$
$= \dfrac{\pi a^2}{120}(60 + x)$

面積の比が 11 : 9 であるから
$\dfrac{\pi a^2}{120}(240 - x) : \dfrac{\pi a^2}{120}(60 + x) = 11 : 9$
$(240 - x) : (60 + x) = 11 : 9$
$11(60 + x) = 9(240 - x)$
$660 + 11x = 2160 - 9x$ $20x = 1500$
$x = 75$

▶ **122** (1) $16\,\text{cm}^2$ (2) $(36\pi-72)\,\text{cm}^2$
(3) $20\,\text{cm}^2$(考え方は,解説参照)
(4) ① △ABM と △AEM において
AB＝AE＝2cm
BM＝EM＝1cm
AM＝AM
3 組の辺の長さがそれぞれ等しいから,△ABM と △AEM は合同である。
これより
∠EAM＝∠BAM＝$a°$
また
∠AMB＝180°－90°－$a°$
　　　＝90°－$a°$
よって,S は,半径 2cm,中心角 $a°$ のおうぎ形の面積と,半径 1cm,中心角 90°－$a°$ のおうぎ形の面積の和から,△ABM の面積を引いたものを 2 倍すれば求められる。
② $S=\dfrac{a+30}{60}\pi-2$

解説 (1) 右の図のように,半円を 2cm 右に移動した図形の面積から,円の面積を引くと,求める面積となる。
つまり,縦 8cm,横 2cm の長方形の面積となるから
$8\times 2=16\,(\text{cm}^2)$

(2) かげのついていない部分をウとする。
ア ＋ ウ ＝ おうぎ形の面積
$=\pi\times 12^2\times\dfrac{90}{360}=144\pi\times\dfrac{1}{4}$
$=36\pi\,(\text{cm}^2)$
イ ＋ ウ ＝ 長方形の面積
$=6\times 12=72\,(\text{cm}^2)$
おうぎ形の面積から長方形の面積を引くと
(ア ＋ ウ)－(イ ＋ ウ)＝ ア － イ
となるから,求める面積の差は
$(36\pi-72)\,\text{cm}^2$

(3) 右の図のように記号をつける。ただし,BI∥EG とする。
F は EG の中点であるから
△BEF＝△IFG …①
また,BF∥CG より
△BFI＝△BFG＝△IFG …②
四角形 BFIC は長方形となるから
△BCI＝△BFI …③
さらに △CGH＝△BEF …④
①～④より △HEG＝5△CGH
これより,EC：CH＝4：1 であるから
△CEG＝$\dfrac{4}{5}$△HEG
$=\dfrac{4}{5}\times\dfrac{1}{2}\times 10\times 5=20\,(\text{cm}^2)$
よって,四角形 ABCD の面積は
$10\times 10-20\times 4=100-80=20\,(\text{cm}^2)$

(4) ② $S=2\left(\pi\times 2^2\times\dfrac{a}{360}+\pi\times 1^2\times\dfrac{90-a}{360}\right.$
$\left.-\dfrac{1}{2}\times 2\times 1\right)$
$=2\left(\dfrac{4a}{360}\pi+\dfrac{90-a}{360}\pi-1\right)$
$=2\left(\dfrac{3a+90}{360}\pi-1\right)$
$=2\left(\dfrac{a+30}{120}\pi-1\right)=\dfrac{a+30}{60}\pi-2$

トップコーチ

(1)のかげの部分の図形は下の図形を 2cm 平行移動したときにできる図形と同じであるから，図の㋐の部分と㋑の部分の面積が等しくなっていることに着目すると求めやすい。

▶ **123** $\dfrac{25}{8}\pi\,\text{cm}^2$

解説 右の図のように，図形 AGD を対角線 BD について対称に移動し，線分 BH と $\overset{\frown}{\text{BH}}$ で囲まれた図形を点 B が点 H の位置にくるように，対角線 BD 上を移動する。

求める面積は，半径 $\dfrac{5}{2}$ cm の半円の面積となるから

$\dfrac{1}{2}\times\pi\times\left(\dfrac{5}{2}\right)^2=\dfrac{25}{8}\pi\,(\text{cm}^2)$

▶ **124** (1) $\dfrac{56}{3}\pi\,\text{cm}^2$　　(2) $4\pi+24$

(3) $\dfrac{4}{3}\pi\,\text{cm}$

解説 (1) ひもが通った部分は，右の図のように，半径が 6cm，4cm，2cm で中心角がすべて 120° のおうぎ形となる。
よって，求める面積は

$(\pi\times 6^2+\pi\times 4^2+\pi\times 2^2)\times\dfrac{120}{360}$

$=56\pi\times\dfrac{1}{3}=\dfrac{56}{3}\pi\,(\text{cm}^2)$

(2) 右の図のようにおうぎ形と長方形に分けて考える。3 つのおうぎ形を合わせると，半径 2 の円となる。
よって，求める面積は
$\pi\times 2^2+(2\times 4)\times 3=4\pi+24$

(3) 点 P は，点 A を中心として 60° 回転し，点 B に着く。その後，点 C を中心として 60° 回転し，もとの位置に戻る。
さらに，点 D を中心として 60° 回転して点 E に移動し，点 F を中心として 60° 回転してもとの位置に戻る。このとき，正三角形ももとの位置に戻っている。
よって，点 P が動いた長さは

$\left(2\pi\times 1\times\dfrac{60}{360}\right)\times 4=2\pi\times\dfrac{1}{6}\times 4=\dfrac{4}{3}\pi\,(\text{cm})$

▶ **125** (1) $25\pi \text{ cm}^2$ (2) 30 秒後
(3) 18 秒後

解説 (1) 1 秒間に回転する角度は，
点 P は $360° \div 30 = 12°$
点 Q は $360° \div 60 = 6°$
である。5 秒間で黒色から白色に変わることはない。半径は 10cm であるから，求める面積は

$$\pi \times 10^2 \times \frac{12 \times 5}{360} + \pi \times 10^2 \times \frac{6 \times 5}{360}$$

$$= 100\pi \times \left(\frac{1}{6} + \frac{1}{12}\right) = 100\pi \times \frac{3}{12}$$

$$= 25\pi (\text{cm}^2)$$

(2) x 秒後に初めて点 P は点 Q に追いつくとすると，点 P は点 Q より $180°$ 多く回転するから
$12x = 6x + 180$ $6x = 180$ $x = 30$
よって，30 秒後である。

(3) 15 秒後から 30 秒後までの間に，点 P は点 B から点 A まで移動する。(2)より，点 P が最初に点 Q に追いつくのは 30 秒後であるから，黒色となる部分は上半分の半円とおうぎ形 OPQ の部分である。
y 秒後に黒色の部分の面積が $70\pi \text{ cm}^2$ となるとすると

$$\pi \times 10^2 \times \frac{6 \times y}{360} - \pi \times 10^2 \times \frac{12 \times (y-15)}{360}$$
$$+ \pi \times 10^2 \times \frac{1}{2} = 70\pi$$

$$\frac{5}{3}\pi y - \frac{10}{3}\pi(y-15) + 50\pi = 70\pi$$

両辺に $\frac{3}{\pi}$ をかけて

$5y - 10(y-15) + 150 = 210$
$5y - 10y + 150 + 150 = 210$
$-5y = -90$ $y = 18$
よって，18 秒後である。

▶ **126** (1) $\frac{1}{6}\pi r$ (2) $\frac{1}{6}\pi r^2$
(3) $\frac{1}{12}\pi r^2$ (4) $\frac{1}{4} r^2$

解説 (1) 中心角が $60°$ であるから
$A'B' = OA' = r$
$\widehat{B'B''}$ は，半径 r，中心角 $30°$ のおうぎ形の弧であるから
$$2\pi r \times \frac{30}{360} = 2\pi r \times \frac{1}{12} = \frac{1}{6}\pi r$$

(2) (1)の図で，かげの部分の面積は半径 r，中心角 $30°$ のおうぎ形の面積の 2 倍であるから $\pi r^2 \times \frac{30}{360} \times 2 = \pi r^2 \times \frac{1}{12} \times 2 = \frac{1}{6}\pi r^2$

(3) $\widehat{A'B'}$ と弦 $A'B'$ で囲まれる部分を，点 A' を中心として図のように $30°$ 回転させることで，求める面積は半径 r，中心角 $30°$ のおうぎ形の面積に等しいことがわかる。よって $\pi r^2 \times \frac{30}{360} = \frac{1}{12}\pi r^2$

(4) 右の図のように，△OA'B' は正三角形で，$\angle B'A'B'' = 30°$ であるから，OB' と A'B'' の交点を H とすると
$\angle A'HB' = 180° - \angle A'B'O - \angle B'A'B''$
$= 180° - 60° - 30°$
$= 90°$
また，$B'H = \frac{1}{2}B'O = \frac{1}{2}r$ であるから
$\triangle A'B'B'' = \frac{1}{2} \times A'B' \times B'H$
$= \frac{1}{2} \times r \times \frac{1}{2}r = \frac{1}{4}r^2$

▶**127** (1) $\dfrac{5}{2}\pi$ (2) 6π cm

  (3) ① 5π cm ② $\dfrac{21}{2}\pi$ cm²

解説 (1) 点 A の移動したあとは，次の図のようになる。

よって，求める長さは
$2\pi \times 2 \times \dfrac{1}{4} \times 2 + 2\pi \times 2 \times \dfrac{45}{360}$
$= 2\pi + 4\pi \times \dfrac{1}{8} = 2\pi + \dfrac{1}{2}\pi = \dfrac{5}{2}\pi$

(2) 点 O の移動したあとは，次の図のようになる。

よって，求める長さは
$2\pi \times 4 \times \dfrac{1}{4} \times 2 + 2\pi \times 4 \times \dfrac{1}{4}$
$= 4\pi + 2\pi = 6\pi$ (cm)

(3) 点 O が描く線は，次の図のようになる。

① 求める線の長さは
$2\pi \times 3 \times \dfrac{1}{4} \times 2 + 2\pi \times 3 \times \dfrac{120}{360}$
$= 3\pi + 6\pi \times \dfrac{1}{3} = 3\pi + 2\pi = 5\pi$ (cm)

② 求める面積は
$\pi \times 3^2 \times \dfrac{1}{4} \times 2 + 3 \times \left(2\pi \times 3 \times \dfrac{120}{360}\right)$
$= \dfrac{9}{2}\pi + 6\pi = \dfrac{21}{2}\pi$ (cm²)

▶**128** (1) 6 (2) 14π
  (3) 28π

解説 (1) △ABC のまわりの長さは
$4\pi + 3\pi + 5\pi = 12\pi$
円 O のまわりの長さは $2\pi \times 1 = 2\pi$
$12\pi \div 2\pi = 6$ より，円 O は 6 回転する。
よって，点 P が △ABC の辺に接するのは 6 回である。

(2) 円 O の中心が動いた長さは，右の図の青い線の長さである。3 つのおうぎ形の弧の長さの和は，半径 1 の円の円周の長さに等しいから，求める長さは
$2\pi \times 1 + 12\pi = 14\pi$

(3) 円 O が通過した部分にできる 3 つのおうぎ形を合わせると，半径 2 の円となるから，求める面積は
$\pi \times 2^2 + 4\pi \times 2 + 3\pi \times 2 + 5\pi \times 2$
$= 4\pi + 8\pi + 6\pi + 10\pi = 28\pi$

トップコーチ

円が図形のまわりを 1 周したときに円が通過した部分の面積は
  円の中心が動いた長さ×直径
で求めることができる。
このことを利用すると，さらに求めやすくなる。

求める面積を S とすると
  $S = \ell \times 2r$

▶129 ア

解説 大円の円周の長さは
$2\pi \times 3 = 6\pi$
小円の円周の長さは $2\pi \times 1 = 2\pi$
$6\pi \div 2\pi = 3$ より，小円は大円に3回接する。
よって，点Pの描く図形はアである。

第5回 実力テスト

1 $31\,\mathrm{cm}^2$

解説 1枚の面積は $2 \times 2 = 4(\mathrm{cm}^2)$
1枚重ねるごとに $3\mathrm{cm}^2$ ずつ増える。最初の1枚に9枚重ねると10枚になるから
$4 + 3 \times 9 = 4 + 27 = 31(\mathrm{cm}^2)$

2 （直線の引き方は解説参照）

解説 ①～②で点Cを通り直線BDに平行な直線を引き，PQとの交点をEとする。③で線分EBをかく。△BCDと△BEDはBDを底辺とすると高さが等しいから，
△BCD＝△BDE となる。このとき，折れ線A－B－Eはこの土地の面積を2等分する。
同様に，④～⑥で点Bを通りAEに平行な直線を引き，PQとの交点をFとすると，直線AFはこの土地の面積を2等分する。

3 (1) $67.5°$ (2) $28\pi\,\mathrm{cm}^2$

解説 (1) 正八角形の1つの内角の大きさは $180° \times (8-2) \div 8 = 1080° \div 8 = 135°$
よって ∠PQR＝$135° \div 2 = 67.5°$

(2) 正八角形の1辺の長さは $16 \div 4 = 4(\mathrm{cm})$
$180° - 135° = 45°$ であるから，求める面積は，半径が4cm，8cm，12cmで中心角がすべて45°である3つのおうぎ形の面積の和である。よって

$(\pi \times 4^2 + \pi \times 8^2 + \pi \times 12^2) \times \dfrac{45}{360}$

$= (16\pi + 64\pi + 144\pi) \times \dfrac{1}{8}$

$= 224\pi \times \dfrac{1}{8} = 28\pi(\mathrm{cm}^2)$

4 $\dfrac{8}{3}$

解説 右の図で，OA＝2，OB＝OD＝1 であるから
AD＝OA－OD＝1
よって，AD＝OD となるから
△CAD＝△CDO …①
また，△CDO と △CBO は合同な三角形であるから
△CDO＝△CBO …②
①，②より △CBO＝$\dfrac{1}{3}$△OAB
△OAB＝$\dfrac{1}{2}$×2×1＝1 より
△CBO＝$\dfrac{1}{3}$
求める面積は，この 8 倍であるから
$\dfrac{1}{3}$×8＝$\dfrac{8}{3}$

トップコーチ
この問題は，図形の対称性に着目して解くことができる。
右の図の㋐と㋑の三角形は，底辺と高さが等しいので面積が等しくなる。したがって，ひし形の対称性から考えると，右の図の・の部分の面積はすべて等しいことがわかり，求める面積がひし形の面積の $\dfrac{2}{3}$ になる。

このように，図形の問題を解くときに対称性に着目して解く方法があることを覚えておくとよい。

5 (1) **100°** (2) **120°**
(3) **6秒後** (4) **12秒後**

解説 (1) 360°÷18＝20° より，点 P は 1 秒間に 20° ずつ回転するから，5 秒後の ∠AOP の大きさは 20°×5＝100°

(2) 360°÷36＝10° より，点 Q は 1 秒間に 10° ずつ回転する。
8 秒後の ∠AOP の大きさは 20°×8＝160°
∠AO′Q の大きさは 10°×8＝80°

∠OAP＝(180°－160°)÷2＝10°
∠O′AQ＝(180°－80°)÷2＝50°
よって
∠PAQ＝180°－∠OAP－∠O′AQ
　　　＝180°－10°－50°
　　　＝120°

(3) x 秒後に初めて ∠PAQ＝90° になるとする。(2)と同様にして
∠OAP＝(180°－∠AOP)÷2
　　　＝(180°－20°×x)÷2
　　　＝90°－10°×x
∠O′AQ＝(180°－∠AO′Q)÷2
　　　　＝(180°－10°×x)÷2
　　　　＝90°－5°×x
よって
∠PAQ＝180°－(90°－10°×x)
　　　　　　　　－(90°－5°×x)
　　　＝10°×x＋5°×x＝15°×x
∠PAQ＝90° より 15°×x＝90° x＝6
よって，6 秒後である。

(4) y 秒後に初めて $\angle PAQ=180°$ になるとする。このときの P, Q の位置は図のようになり，$\angle OAP=\angle O'AQ$ である。

$\angle OAP=(180°-\angle AOP)\div 2$
$\quad =\{180°-(360°-20°\times y)\}\div 2$
$\quad =(20°\times y-180°)\div 2$
$\quad =10°\times y-90°$
$\angle O'AQ=(180°-\angle AO'Q)\div 2$
$\quad =(180°-10°\times y)\div 2$
$\quad =90°-5°\times y$

$\angle OAP=\angle O'AQ$ であるから
$10°\times y-90°=90°-5°\times y$
$15°\times y=180°$ $\quad y=12$
よって，12 秒後である。

6 オ

解説 一方の円を右下に固定して考えると，他方の円の中心は，右の図のかげの部分を動く。4 つのすみで考えると，2 つの円の中心点が通過する範囲はオとなる。

6 空間図形

▶**130** (1) (ア), (イ), (ウ), (エ)　(2) 4つ

解説 (1) 着眼にもあるように，直線AB外の1点Cを通る平面はただ1つである。そのようなA，B，Cのとり方を考える。

(ア) 交わる2直線の，一方の直線上にA，B，もう一方の直線上に2直線の交点以外の点Cをとる。

(イ) 平行な2直線の，一方の直線上にA，B，もう一方の直線上に点Cをとる。

(ウ) 1直線上にA，Bをとり，その上にない1点をCとする。

(エ) 3点をA，B，Cとすると，点Cは直線AB上にはない。

(オ) 1直線上にない3点で平面が1つ決まるが，残り1点がこの平面上にある場合は平面が決まるが，ない場合は平面は存在しない。

(2) 4点のうち，どの3点も1直線上にないから，3点A，B，Cを通る平面，3点A，B，Dを通る平面，3点A，C，Dを通る平面，3点B，C，Dを通る平面の4つの平面が決まる。

▶**131** (1) ① BE，CF
　　　　　② AB，AC，DE，DF
　　　　　③ BC，EF
　　　(2) (ア)

解説 (1) 三角柱の側面は長方形である。
① 長方形の対辺は平行であるから，BEとCFである。
② 長方形の隣り合う辺は垂直に交わるから，AB，AC，DE，DFである。
③ 平行でなく，どこまで延長しても交わらない辺であるから，BCとEFである。

(2) (ア)は成り立つ。
(イ)，(ウ)は，右の図で，ACを直線 ℓ，AEを直線 m，EFを直線 n とすると，$\ell \perp m$，$m \perp n$ であるが，ℓ と n は垂直でも平行でもない。

▶**132** (1) ① 面ABCD，面ABFE
　　　　　② 面AEHD，面BFGC
　　　　　③ 面DHGC，面EFGH
　　　　　④ 辺AE，辺BF，辺CG，辺DH
　　　　　⑤ 辺EF，辺FG，辺GH，辺HE
　　　(2) ① 垂直，⊥，垂線
　　　　　② 平面，垂直，⊥
　　　　　③ 短い

解説 (1) ⑤ 面ABCDと平行である面EFGH内にあるすべての直線は，面ABCDと平行である。

(2) ① 直線と平面の垂直は，この問題文のように決めることを知っておこう。
② 交わる2直線で1つの平面が決まるから，点Oで交わる2直線 a，b に対して，$a \perp \ell$，$b \perp \ell$ ならば，$\ell \perp P$ となる。

▶**133** 直線，垂直，⊥

解説 2平面が交わるとき，その交わりは直線であり，交線という。それぞれの平面上に，交線に垂直な直線を引き，その2直線のなす鋭角を2平面のなす角という。

▶**134** (イ), (オ)

解説 右の図の立方体で考える。

(ア) 直線 AE と平行な 2 つの面 BFGC, 面 CGHD は平行ではない。

(イ) 成り立つ。

(ウ) 直線 AE に垂直な 2 直線 AB, AD は垂直であり, 平行ではない。

(エ) 面 AEFB に垂直な 2 つの面 BFGC, 面 ABCD は垂直であり, 平行ではない。

(オ) 成り立つ。

(カ) 面 ABCD 上にある直線 AB と, 面 EFGH 上にある直線 EH について, 2 つの面は平行であるが, 2 直線はねじれの位置にあり, 平行ではない。

▶**135** (ア)

解説 対角線 AB を含む面が下になるように直方体を組み立てると, 点 C は点 A の真上, 点 D は点 B の真上にくるので, AB と CD は平行になる。

▶**136** (1) 三角柱　(2) 円柱
　　　　(3) 三角錐(四面体)

解説 (1) 側面図が三角形, 立面図, 平面図が長方形であるから, 三角柱である。

(2) 側面図が円, 立面図, 平面図が長方形であるから, 円柱である。

(3) 平面図から立体の底面が三角形とわかる。また, 平面図, 立面図から, 立体の側面は三角形とわかる。よって, 三角錐である。

▶**137**

	面の数	1つの頂点に集まる面の数	面の数
正四面体	正三角形	3	4
正六面体	正方形	3	6
正八面体	正三角形	4	8
正十二面体	正五角形	3	12
正二十面体	正三角形	5	20

	辺の数	頂点の数	各面の中心を結んでできる立体
正四面体	6	4	正四面体
正六面体	12	8	正八面体
正八面体	12	6	正六面体
正十二面体	30	20	正二十面体
正二十面体	30	12	正十二面体

解説 各面の辺の数を a, 1 つの頂点に集まる面の数を b, 立体の面の数を c とすると辺の数 $=ac\div 2$, 頂点の数 $=ac\div b$ で求められる。(単に ac としては, 同じ辺を 2 回, 同じ頂点を b 回数えてしまう。)

正四面体… 辺の数 $=3\times 4\div 2=6$
　　　　　頂点の数 $=3\times 4\div 3=4$
正六面体… 辺の数 $=4\times 6\div 2=12$
　　　　　頂点の数 $=4\times 6\div 3=8$
正八面体… 辺の数 $=3\times 8\div 2=12$
　　　　　頂点の数 $=3\times 8\div 4=6$
正十二面体… 辺の数 $=5\times 12\div 2=30$
　　　　　頂点の数 $=5\times 12\div 3=20$
正二十面体… 辺の数 $=3\times 20\div 2=30$
　　　　　頂点の数 $=3\times 20\div 5=12$

各面の中心を結んでできる立体は, 面が頂点に変わると考えて, 面の数と頂点の数に着目する。

もとの正多面体	できる正多面体の頂点の数	できる正多面体
正四面体	4	正四面体
正六面体	6	正八面体
正八面体	8	正六面体
正十二面体	12	正二十面体
正二十面体	20	正十二面体

138 ①

(figure: cross-shaped net of a cube with labels ア, イ, ウ, エ, オ, カ, キ)

②

(figure: net of a regular dodecahedron with labels ア〜ツ)

③

(figure: net with labels ア, イ, ウ, エ, オ)

④

(figure: net with labels ア〜サ, コ)

解説 ② まず，隣りどうしの 10 組の辺を ⟷ 印のようにつなぎ，次に ⇔ 印のところからつなぎ始めて ⟷ 印のところでつなぎ終わるようにすると，正十二面体ができる。

③ 最初に ⟷ 印のところからつなぎ始めて，最後に ⟷ 印のところでつなぎ終わるようにすると，正八面体ができる。

④ 隣りどうしの 8 組の辺を ⟷ 印のようにつなぎ，次に残りの 3 組の辺をつなぎ合わせる。

139 15 cm

解説 母線の長さを x cm とする。底面の円周の長さは，$2\pi \times 7 = 14\pi$ (cm) で，これは展開図における側面のおうぎ形の弧の長さに等しい。

おうぎ形の面積 $= \dfrac{1}{2} \times$ 弧の長さ $\times$ 半径

で求められるから，円錐の表面積に着目して

$\dfrac{1}{2} \times 14\pi \times x + \pi \times 7^2 = 154\pi$

$7\pi x + 49\pi = 154\pi$

$7\pi x = 105\pi \qquad x = 15$

（別解） 円錐の側面積は

$\pi \times$ 母線の長さ $\times$ 底面の半径

で求められるから，

$\pi \times x \times 7 + \pi \times 7^2 = 154\pi$

として，方程式を作ってもよい。

▶**140** (1) 18個
　　　(2) ① ねじれの位置
　　　　　② 点Cを通り，△AFHに平行な平面を作る。

解説 (1) 樹形図をかいて数えあげる。

A―B＜C／D／E／F／G／H　　A―C＜D／E／G／H　　A―D＜E／F／G／H　　A―E＜F／G／H　　A―F―G　　A―G―H

以上，18通りである。

(2) ① 直線AFと直線BDは交わらないし，平行でもないから，ねじれの位置にある。
② BD∥FHであるから，△AFHを含む平面とBDは平行である。また，直線AFは△AFHを含む平面に含まれるから，点Cを通り△AFHに平行な平面は直線BD，AFの両方に平行である。

▶**141** (1) $h=6$　(2) 16倍

解説 (1) 側面積＝高さ×底面の円周 で，これが底面積に等しいことから
$h \times (2\pi \times 12) = \pi \times 12^2$
$24\pi h = 144\pi$　$h = 6$

(2) 円柱Qの底面の円周は
$2\pi \times 12 \div 4 = 6\pi$ (cm)
底面の半径を$r$cmとすると
$2\pi r = 6\pi$　$r = 3$
円柱Pの体積を円柱Qの体積で割ると
$\dfrac{\pi \times 12^2 \times h}{\pi \times 3^2 \times h} = \dfrac{144}{9} = 16$
よって，16倍である。

▶**142** 9 cm³

解説 右の図のように，立方体から4つの三角錐を切り落とした形になるから，求める体積は
$3 \times 3 \times 3 - \left\{\dfrac{1}{3} \times \left(\dfrac{1}{2} \times 3 \times 3\right) \times 3\right\} \times 4$
$= 27 - 18 = 9$ (cm³)

▶**143** ア 4　イ 6　ウ 4　エ 6
　　　オ 8　カ 56

解説 正方形ABCDの4つの頂点から3つの頂点を選んでできる三角形は，△ABC，△ABD，△ACD，△BCDの4個　…ア
正方形ABCDと合同な正方形は立方体の6面であるから，6個　…イ
長方形BFHDの4つの頂点から3つの頂点を選んでできる三角形は，△BFH，△BFD，△BHD，△FHDの4個　…ウ
各面の正方形の対角線に着目して，長方形BFHDと合同な長方形は，長方形BFHD，ACGE，BGHA，CFED，AFGD，BEHCの6個　…エ
正三角形になるものを樹形図をかいて数えあげる。

A＜C＜F／H／F―H　　B＜D＜E／G／E―G　　C―F―H　　D―E―G

よって，8個　…オ
三角形の総数は
$4 \times 6 + 4 \times 6 + 8 = 56$(個)　…カ

(参考) アとイで立方体と2辺を共有する三角形，ウとエで立方体と1辺だけを共有する三角形，オで立方体と辺を共有しない三角形を数えている。

▶**144** (1) $n=3, 4, 5, 6$
(2) 3秒後　(3) 15秒後
(4) 等脚台形

解説 (1) 点 P が辺 FB 上にあるときは二等辺三角形，点 P が点 B を除く辺 BC 上にあるときは等脚台形，点 P が点 C, D を除く辺 CD 上にあるときは六角形，点 P が辺 DH 上にあるときは五角形となる。
よって $n=3, 4, 5, 6$

(2) △PMN が正三角形となるのは，点 P が辺 BF の中点のときである。このとき，
BF=6cm より　FP=3cm
点 P は毎秒 1cm の速さで進むから，3秒後である。

(3) 切り口が正六角形となるのは，点 P が辺 CD の中点のときである。このとき，
FB+BC+CP=6+6+3=15(cm)
よって，15秒後である。

(4) 11秒後には，点 P は辺 BC 上の BP=5cm のところにあるから，切り口の形は等脚台形である。

▶**145** (1) 90π　(2) $\dfrac{5}{2}$

解説 (1) 水面より上に出ている円錐の高さは　$12-6=6$(cm)
これは，円錐全体の高さの半分であるから，水面より上に出ている円錐の底面の円の半径は，$6\div 2=3$(cm) となる。
これより，円錐の水面より下にある部分の体積は
$\dfrac{1}{3}\times(\pi\times 6^2)\times 12-\dfrac{1}{3}\times(\pi\times 3^2)\times 6$
$=144\pi-18\pi=126\pi$(cm³)
円柱の水面より下にある部分の体積は
$(\pi\times 6^2)\times 6=216\pi$(cm³)
よって，入れた水の量は
$216\pi-126\pi=90\pi$(cm³)

(2) 水面の高さを x cm とすると
$(\pi\times 6^2)\times x=90\pi$
$36\pi x=90\pi$　　$x=\dfrac{90}{36}=\dfrac{5}{2}$

トップコーチ
2つの図形があって，一方が他方を一定の割合で拡大または縮小したものと合同であるとき，これらの2つの図形は相似であるという。
相似な図形では，対応する辺の長さの比はすべて等しく，その比を相似比という。
相似な立体では，次のことがいえるので覚えておくとよい。
・相似な立体の表面積の比は，
　　相似比の2乗に等しい。
・相似な立体の体積の比は，
　　相似比の3乗に等しい。

▶**146** (1) **18 cm** (2) **22.5 cm**

解説 (1) 水そうが満水の状態になるまでに入る水の量は
$30 \times 50 \times (27-24) = 1500 \times 3 = 4500 (\text{cm}^3)$
角材を沈めたとき，角材の水面より下にある部分の体積が 4500cm^3 をこえると水はこぼれる。$x\text{cm}$ 沈めたとき，水がこぼれ始めるとすると
$25 \times 10 \times x = 4500 \qquad x = 18$

(2) 角材が底に着いたとき，水そうの中の水の量は
$30 \times 50 \times 27 - 25 \times 10 \times 27$
$= 40500 - 6750 = 33750 (\text{cm}^3)$
これを水そうの底面積で割ると水の深さになるから
$33750 \div (30 \times 50) = 33750 \div 1500$
$= 22.5 (\text{cm})$

▶**147** (1) $72\pi \text{ cm}^3$ (2) $\dfrac{99}{2}\pi \text{ cm}^3$

解説 (1) 底面の半径は $6 \div 2 = 3 (\text{cm})$
よって，求める水の体積は
$\pi \times 3^2 \times 8 = 72\pi (\text{cm}^3)$

(2) ℓ より上の部分の水の体積が $\dfrac{1}{2}$ になる。
よって，求める水の体積は
$\pi \times 3^2 \times 3 + \pi \times 3^2 \times (8-3) \times \dfrac{1}{2}$
$= 27\pi + \dfrac{45}{2}\pi = \dfrac{99}{2}\pi (\text{cm}^3)$

▶**148** (1) $25 : 8$ (2) 100π

解説 (1) A の容積は
$\pi \times 10^2 \times 25 = 2500\pi (\text{cm}^3)$
B の容積は
$\dfrac{1}{3} \times (\pi \times 10^2) \times 24 = 800\pi (\text{cm}^3)$
よって，求める比は
$2500\pi : 800\pi = 25 : 8$

(2) $25 \div 8 = 3$ 余り 1 より，3 杯入って，残りは
$2500\pi - 800\pi \times 3 = 100\pi (\text{cm}^3)$

▶**149** (1) $\dfrac{1}{3}$ **cm**

(2) 体積は $30\pi \text{cm}^3$，表面積は $33\pi \text{cm}^2$

解説 (1) 水面の高さが $x \text{ cm}$ 上昇したとする。沈めた鉄のおもりの体積と水面が上昇した分の水の体積は等しいから
$\pi \times 6^2 \times x = \dfrac{1}{3} \times (\pi \times 3^2) \times 4$
$36\pi x = 12\pi \qquad x = \dfrac{1}{3}$

(2) 体積は
$\dfrac{1}{3} \times \pi \times 3^2 \times 4 + \dfrac{4}{3}\pi \times 3^3 \div 2$
$= 12\pi + 18\pi = 30\pi (\text{cm}^3)$
表面積は，円錐の側面積と，球の表面積の半分を合わせて
$\dfrac{1}{2} \times (2\pi \times 3) \times 5 + 4\pi \times 3^2 \div 2$
$= 15\pi + 18\pi = 33\pi (\text{cm}^2)$

▶**150** (1) 辺 BF, 辺 CG, 辺 EF, 辺 HG

(2) $7\pi \text{ cm}^2$

解説 (1) 辺 AD と平行でなく，交わらない辺が，ねじれの位置にある辺である。

(2) 底面の円の半径を $r\text{cm}$ とすると
$2\pi r = 2\pi$ より $r = 1$
底面積は $\pi \times 1^2 = \pi (\text{cm}^2)$
側面積は $\dfrac{1}{2} \times 2\pi \times 6 = 6\pi (\text{cm}^2)$
よって，表面積は $\pi + 6\pi = 7\pi (\text{cm}^2)$

トップコーチ
おうぎ形の半径を r, 弧の長さを ℓ とすると,おうぎ形の面積は,
$$\frac{1}{2}\ell r$$
と表されることを知っておくとよい。

▶**151** (1) ア 72
(2) イ 54　ウ 4

解説 (1) $\frac{1}{3} \times \left(\frac{1}{2} \times 6 \times 6\right) \times 12 = 72$ …ア

(2) 正方形の面積から,△ABC のまわりにある3つの直角三角形の面積を引いて
$12 \times 12 - \frac{1}{2} \times 6 \times 6 - \left(\frac{1}{2} \times 6 \times 12\right) \times 2$
$= 144 - 18 - 72 = 54$ …イ
高さを h cm とすると
$\frac{1}{3} \times 54 \times h = 72$　　$h = \frac{72 \times 3}{54} = 4$ …ウ

▶**152** (1) 点 F　(2) 辺 AB

解説 (1) 辺 BC を共有するのは △ABC と △BCF だけであるから,点 P に対応するのは点 F である。
(2) 点 Q に対応するのは点 D であるから,辺 PQ に対応するのは辺 FD である。辺 FD に平行な辺は,辺 AB である。

▶**153**

▶**154** (1) π cm　(2) $x = 36$　(3) $\frac{5}{2}\pi$ cm²

解説 (1) BO = 3cm であるから, $\overset{\frown}{BC}$ の長さは
$2\pi \times 3 \times \frac{60}{360} = 6\pi \times \frac{1}{6} = \pi$(cm)

(2) AB = 5cm であるから, $\overset{\frown}{BC}$ の長さに着目して　$2\pi \times 5 \times \frac{x}{360} = \pi$　　$x = 36$

(3) $\frac{1}{2} \times \pi \times 5 = \frac{5}{2}\pi$(cm²)

▶**155** $\frac{25}{4}\pi$ cm²

解説 側面の展開図は,次のようになる。

AB = $10\pi \div 2 = 5\pi$(cm)

求める面積は,長方形 CABD の面積の $\frac{1}{2}$ の $\frac{1}{4}$ であるから
$10 \times 5\pi \times \frac{1}{2} \times \frac{1}{4} = \frac{25}{4}\pi$(cm²)

解説 まず,立方体の頂点 A〜H を展開図にかき入れ,次に中点 P〜U を書き入れる。

▶ **156**

解説 点 P, Q は毎秒 1cm の速さで動くから，3秒後には 3cm 動いている。つまり，点 P は辺 AB の中点，点 Q は辺 DC の中点である。

▶ **157** (1) 正八面体　(2) ㊎
　　　(3) ㋐，㋑，㋕，㋗
　　　(4) 点 E と点 G　(5) 辺 CI
　　　(6) 90°

解説 この展開図を組み立てる。まず，点 B と点 D を重ね，点 E と点 G を重ねる。次に，点 H と点 J を重ねると，点 A と点 E(G) も重なり，立体が完成する。

(1) 正三角形 8 個からできている立体であるから，正八面体である。

(2) △ABC (㋐) と平行な面は △FIH であるから，㊎である。

(3) △ABC，△ACJ，△DEF，△FHG の 4 つである。
よって，㋐，㋑，㋕，㋗である。

(4) 組み立てた立体から，点 A と重なるのは点 E と点 G である。

(5) 辺 AB とねじれの位置にある辺は，辺 CI，辺 CJ，辺 FI，辺 FH の 4 つで，そのうち，辺 FH とねじれの位置にあるのは，辺 CI だけである。

(6) 四角形 ABIH は正方形であるから
∠DAH = ∠BAH = 90°

▶ **158** 体積 $32\pi\,\mathrm{cm}^3$，表面積 $60\pi\,\mathrm{cm}^2$

解説 底面の円の半径が 4cm，高さが 3cm の円柱の体積から，底面の円の半径が 4cm，高さが 3cm の円錐の体積を引く。

$$\pi \times 4^2 \times 3 - \frac{1}{3} \times \pi \times 4^2 \times 3$$
$$= 48\pi - 16\pi = 32\pi\,(\mathrm{cm}^3)$$

底面の円の面積と円柱の側面積と円錐の側面積を合わせて，求める表面積は

$$\pi \times 4^2 + 3 \times (2\pi \times 4) + \frac{1}{2} \times (2\pi \times 4) \times 5$$
$$= 16\pi + 24\pi + 20\pi = 60\pi\,(\mathrm{cm}^2)$$

▶ **159** 体積 $84\pi\,\mathrm{cm}^3$，表面積 $102\pi\,\mathrm{cm}^2$

解説 点 B, C は線分 AO, DO のそれぞれの中点であるから，BO = 3cm，CO = 4cm，BC = 5cm となる。

大きい円錐の体積から小さい円錐の体積を引いて，求める体積は

$$\frac{1}{3} \times \pi \times 6^2 \times 8 - \frac{1}{3} \times \pi \times 3^2 \times 4$$
$$= 96\pi - 12\pi = 84\pi\,(\mathrm{cm}^3)$$

2 つの円錐の側面積の和と，2 つの底面の円の面積の差を合わせて，求める表面積は

$$\frac{1}{2} \times (2\pi \times 6) \times 10 + \frac{1}{2} \times (2\pi \times 3) \times 5$$
$$+ \pi \times 6^2 - \pi \times 3^2$$
$$= 60\pi + 15\pi + 36\pi - 9\pi = 102\pi\,(\mathrm{cm}^2)$$

トップコーチ

△AOD と △BOC の相似比は 2 : 1 なので，大きい円錐から小さい円錐を除いた立体の体積は，大きい円錐の体積の

$$\frac{2^3 - 1}{2^3} = \frac{7}{8}$$

となる。よって，求める体積は，

$$\left(\frac{1}{3} \times \pi \times 6^2 \times 8\right) \times \frac{7}{8} = 84\pi\,(\mathrm{cm}^3)$$

と求めてもよい。

▶**160** $\dfrac{71}{4}\pi$

解説 回転させる図形を y 軸について対称に移すと，右の図のようになる。
直線 OA は比例のグラフで，点 A(4, 8) を通るから，その式は $y=2x$ である。

$y=3$ のとき，$3=2x$ より $x=\dfrac{3}{2}$

$0\leqq y\leqq 3$ に対応する部分を 1 回転させてできる円錐の体積は
$\dfrac{1}{3}\times\pi\times 2^2\times 3=4\pi$

$3\leqq y\leqq 8$ に対応する部分を 1 回転させてできる立体の体積は
$\dfrac{1}{3}\times\pi\times 4^2\times 8-\dfrac{1}{3}\times\pi\times\left(\dfrac{3}{2}\right)^2\times 3$
$\qquad\qquad\qquad -\dfrac{1}{3}\times\pi\times 4^2\times(8-3)$
$=\dfrac{128}{3}\pi-\dfrac{9}{4}\pi-\dfrac{80}{3}\pi$
$=16\pi-\dfrac{9}{4}\pi=\dfrac{64}{4}\pi-\dfrac{9}{4}\pi$
$=\dfrac{55}{4}\pi$

よって，求める体積は
$4\pi+\dfrac{55}{4}\pi=\dfrac{16}{4}\pi+\dfrac{55}{4}\pi=\dfrac{71}{4}\pi$

▶**161** イ，エ

解説 BC$=r$，DC$=h$ とすると
$P=\pi r^2\times\dfrac{h}{2}=\dfrac{1}{2}\pi r^2h$
$Q=\dfrac{1}{3}\pi r^2h$
$R=\pi r^2h-\dfrac{1}{3}\pi r^2h=\dfrac{2}{3}\pi r^2h$
$S=\pi\left(\dfrac{r}{2}\right)^2h=\dfrac{1}{4}\pi r^2h$

よって，$S<Q<P<R$ となるから，正しいのはイとエである。

▶**162** 96π

解説 OB$=$BC であるから，直線 AC と y 軸との交点の y 座標は，$8\times 2=16$ となる。
よって，求める体積は
$\dfrac{1}{3}\times\pi\times 6^2\times 16-\dfrac{1}{3}\times\pi\times 3^2\times(16-8)$
$\qquad\qquad\qquad -\pi\times 3^2\times 8$
$=192\pi-24\pi-72\pi=96\pi$

▶**163** 3

解説 母線の長さを x とすると，半径 x の円の円周の長さが，底面の円の円周の長さの 3 倍となるから
$2\pi x=2\pi\times 1\times 3$ $\quad 2\pi x=6\pi$
よって $x=3$

▶ **164** (1) $72\pi \text{ cm}^3$
　　　(2) $(72\pi+480)\text{cm}^3$
　　　(3) $(12\pi+432)\text{cm}^3$

解説 (1) 底面の半径 6cm，高さ 8cm の円錐から，底面の半径 3cm，高さ 4cm の円錐を2つ除いた立体となるから

$$\frac{1}{3}\times \pi \times 6^2 \times 8 - \left(\frac{1}{3}\times \pi \times 3^2 \times 4\right)\times 2$$
$$=96\pi - 24\pi = 72\pi (\text{cm}^3)$$

(2) 底面が底辺 6cm，高さ 4cm の三角形で，高さが 10cm の三角柱 4 つの体積と(1)の立体の体積を合わせる。

$$\left(\frac{1}{2}\times 6 \times 4 \times 10\right)\times 4 + 72\pi$$
$$= 72\pi + 480 (\text{cm}^3)$$

(3) 真上から見ると，右の図のようになる。Aの部分を 4 つ合わせると，もとの円錐となり，その体積は

$$\frac{1}{3}\times (\pi \times 3^2)\times 4 = 12\pi (\text{cm}^3)$$

Bの部分は，(2)の三角柱から右の図の三角錐2つ分を除いたものであるから，その体積は

$$\frac{1}{2}\times 6 \times 4 \times 10 - \left\{\frac{1}{3}\times \left(\frac{1}{2}\times 3 \times 3\right)\times 4\right\}\times 2$$
$$= 120 - 12 = 108(\text{cm}^3)$$

よって，求める体積は
$12\pi + 108 \times 4 = 12\pi + 432 (\text{cm}^3)$

▶ **165** $\dfrac{\pi+16}{3}\text{cm}^3$

解説 90°回転する部分は円錐の一部。それ以外の2つの部分を合わせると三角錐となる。よって，求める体積は

$$\frac{1}{3}\times \pi \times 2^2 \times 1 \times \frac{90}{360} + \frac{1}{3}\times \left(\frac{1}{2}\times 4 \times 4\right)\times 2$$
$$= \frac{\pi}{3} + \frac{16}{3} = \frac{\pi+16}{3}(\text{cm}^3)$$

▶ **166** ウ

解説 $a=0$ のとき，体積 $\frac{1}{3}b^2h$ の四角錐になるから，イとオは正しくない。
$a=b$ のとき，四角柱になり，その体積は a^2h となる。このとき，アとエは 0 となり，a^2h とならないことから，正しくない。
ウは a と b を入れかえても変わらない。
よって，求める角錐台の体積はウの式である。

▶ **167** 体積 20 cm^3，表面積 72 cm^2

解説 大きい立方体から，小さい立方体を 7 個取り除いた立体であるから，体積は
$3\times 3\times 3 - 1\times 1\times 7 = 27 - 7 = 20(\text{cm}^3)$
穴のあいた正方形 6 個の面積の和は
$(3\times 3 - 1\times 1)\times 6 = 8 \times 6 = 48(\text{cm}^2)$
穴の部分 6 個の面積の和は
$(1\times 1\times 4)\times 6 = 24(\text{cm}^2)$
よって，表面積は　$48 + 24 = 72(\text{cm}^2)$

▶**168** (1) 208面　(2) 60面

解説 (1) 分解した後の面の数は
$(4 \times 4 \times 3) \times 6 = 288$(面)
このうち，赤く塗られている面は
$(4 \times 4 + 4 \times 3 + 4 \times 3) \times 2 = 80$(面)
よって，白色の面の数は
$288 - 80 = 208$(面)

(2) 分解した後の面の数は
$(10 + 6 + 3 + 1) \times 6 = 120$(面)
図2の立体を正面から見ると，右の図のように見える。このとき，赤く塗られている面は
$1 + 2 + 3 + 4 = 10$(面)
6つのどの方向から見ても，同じように10面ずつ赤く塗られているから，全部で
$10 \times 6 = 60$(面)
よって，白色の面の数は
$120 - 60 = 60$(面)

第6回　実力テスト

1 (1) ウ　(2) イ　(3) ア

解説 (1) 長方形の対角線の長さは等しいから，AF＝5cm である。よって，切り口の四角形 AFGD は正方形である。
(2) AE＝CE であるから，切り口の △AEC は二等辺三角形である。
(3) AC, CF, FA は，同じ大きさの正方形の対角線であるから
AC＝CF＝FA
よって，切り口の △ACF は正三角形である。

2　12 cm

解説　展開図における側面のおうぎ形の中心角を $x°$ とすると
$2\pi \times 12 \times \dfrac{x}{360} = 2\pi \times 2$
$\dfrac{\pi}{15}x = 4\pi$
$x = 60$
よって，中心角は 60° である。右の図のように，母線とひもで正三角形ができるから，求めるひもの長さは 12cm である。

トップコーチ
立体の表面上での最短距離は，展開図上で2点間を結ぶ線分の長さとなる。

3　$\left(2, \dfrac{1}{2}\right)$, $\left(-2, -\dfrac{1}{2}\right)$

解説　AC＝a とする。
このとき，AB＝$\dfrac{1}{a}$ である。
よって，長方形 OBAC を y 軸を軸として1回転させてできる立体の体積は
$\pi \times AC^2 \times AB = \pi \times a^2 \times \dfrac{1}{a} = \pi a$
これが 2π であるから
$\pi a = 2\pi$　　$a = 2$
$y = \dfrac{1}{x}$ のグラフ上の点で，AC＝2 となる点は，
$\left(2, \dfrac{1}{2}\right)$, $\left(-2, -\dfrac{1}{2}\right)$ である。

第6回実力テスト　77

4 (1) **1**　(2) **2**

解説 (1) △ABC を底面とすると，高さは BF となるから，求める体積は

$$\frac{1}{3} \times \left(\frac{1}{2} \times 1 \times 2\right) \times 3 = 1$$

(2)

三角錐 A-CFH の体積は，直方体の体積から(1)で求めた三角錐 4 個分の体積を引いたものになるから

$$1 \times 2 \times 3 - 1 \times 4 = 6 - 4 = 2$$

5 (1) **$80\pi \text{ cm}^3$**　(2) **$84\pi \text{ cm}^2$**

解説 (1) 底面の円の半径が 4cm，高さが 6cm の円柱の体積から，底面の円の半径が 4cm，高さが $6-3=3$(cm)の円錐の体積を引く。

$$\pi \times 4^2 \times 6 - \frac{1}{3} \times \pi \times 4^2 \times 3$$

$$= 96\pi - 16\pi = 80\pi (\text{cm}^3)$$

(2) 底面の円の面積，円柱の側面積，円錐の側面積の和が求める表面積である。

$$\pi \times 4^2 + 6 \times (2\pi \times 4) + \frac{1}{2} \times (2\pi \times 4) \times 5$$

$$= 16\pi + 48\pi + 20\pi = 84\pi (\text{cm}^2)$$

6 (1) 例

(2) 辺の数 36，頂点の数 24
(3) 23 個

解説 (1) 図の上の部分にある 3 個の正方形と 3 個の正六角形の上の辺につながる面が足りないから，その部分に正六角形をかき加える。

(2) 正方形が 6 個，正六角形が 8 個あり，組み立てたとき，2 本の辺が重なるから，辺の数は

$(4 \times 6 + 6 \times 8) \div 2 = 72 \div 2 = 36$

組み立てたとき，3 個の頂点が 1 点に集まるから，頂点の数は

$(4 \times 6 + 6 \times 8) \div 3 = 72 \div 3 = 24$

(3) 辺の数から，最初からつながっているところを除く。解答の図より，13 か所がつながっているから，のりしろの数は

$36 - 13 = 23$(個)

7 資料の整理

▶**169** (1) 7つ　(2) 5cm
(3) 135cm 以上 140cm 未満…137.5cm
　　140cm 以上 145cm 未満…142.5cm
　　145cm 以上 150cm 未満…147.5cm
　　150cm 以上 155cm 未満…152.5cm
　　155cm 以上 160cm 未満…157.5cm
　　160cm 以上 165cm 未満…162.5cm
　　165cm 以上 170cm 未満…167.5cm

(4)

①

身長(cm)	人数(人)
以上　未満	
134～138	1
138～142	5
142～146	11
146～150	10
150～154	9
154～158	4
158～162	1
162～166	3
166～170	1
計	45

②

身長(cm)	人数(人)
以上　未満	
136～140	3
140～144	8
144～148	11
148～152	11
152～156	3
156～160	5
160～164	2
164～168	1
168～172	1
計	45

解説 (2) $140-135=5$(cm)
(3) 135cm 以上 140cm 未満の階級の階級値は
$$\frac{135+140}{2}=\frac{275}{2}=137.5\text{(cm)}$$
(別解) $135+\dfrac{5}{2}=135+2.5=137.5$(cm)

▶**170** (1) 38.5kg
(2) 55kg 以上 60kg 未満の階級
(3) 右の表
(4) いちばん多い階級は 40kg 以上

体重(kg)	人数(人)
以上　未満	
30～35	4
35～40	7
40～45	26
45～50	19
50～55	6
55～60	10
60～65	2
65～70	2
計	76

45kg 未満の階級, いちばん少ない階級は 60kg 以上 65kg 未満と 65kg 以上 70kg 未満の階級
(5) 4人
(6) 48.7%

解説 (1) 最大値は 69.2kg, 最小値は 30.7kg であるから, 範囲は
$69.2-30.7=38.5$(kg)
(5) 60kg 以上 65kg 未満の人が 2 人, 65kg 以上 70kg 未満の人が 2 人であるから, 60kg 以上は $2+2=4$(人)
(6) 45kg 未満の人は $4+7+26=37$(人)
その割合は $37÷76=0.4868…$
よって, 48.7% である。

▶**171**

(1)

（グラフ：10～100点の度数分布, 縦軸 人数）

(2) 4人　(3) 約 10.5%

解説 (1) 度数分布表は右のようになる。
(2) 表より 50 点以上 60 点未満の人は 4 人。
(3) 60 点以上 70 点未満の人は 4 人で, その割合は
$4÷38=0.1052…$
よって, 10.5% である。

成績(点)	人数(人)
以上　未満	
10～20	1
20～30	1
30～40	2
40～50	2
50～60	4
60～70	4
70～80	8
80～90	5
90～100	11
計	38

▶**172** (1), (2)

度数分布表は，右のようになる。

記録(cm) 以上　未満	人数(人)
200～240	2
240～280	1
280～320	5
320～360	16
360～400	15
400～440	7
440～480	2
計	48

▶**173**

階級(cm) 以上　未満	度数(人)	累積度数(人)	相対度数	累積相対度数
135～140	3	3	0.07	0.07
140～145	10	13	0.22	0.29
145～150	14	27	0.31	0.60
150～155	9	36	0.20	0.80
155～160	5	41	0.11	0.91
160～165	3	44	0.07	0.98
165～170	1	45	0.02	1.00
計	45		1.00	

(1) 36人　(2) 7%　(3) 60%

解説 (1) 150cm以上155cm未満の階級の累積度数より，36人である。
(2) 160cm以上165cm未満の階級の相対度数は0.07であるから，7%である。
(3) 145cm以上150cm未満の階級の累積相対度数は0.60であるから，60%である。

▶**174** (1) 2006年　(2) 1.0℃

解説 (1) 最高気温 － 最低気温は
2000年…3.5－(－7.9)＝11.4
2001年…－2.3－(－5.7)＝3.4
2002年…2.8－(－3.4)＝6.2
2003年…1.0－(－5.5)＝6.5
2004年…0.1－(－5.5)＝5.6
2005年…－0.3－(－9.7)＝9.4
2006年…1.6－(－9.9)＝11.5
2007年…－3.1－(－7.2)＝4.1
2008年…－1.1－(－9.3)＝8.2
2009年…2.9－(－1.5)＝4.4
よって，差が最も大きいのは2006年である。

(2) 最高気温について最近の5年間の平均は
(－0.3＋1.6－3.1－1.1＋2.9)÷5＝0(℃)
それ以前の5年間の平均は
(3.5－2.3＋2.8＋1.0＋0.1)÷5
＝5.1÷5＝1.02(℃)
よって　0－1.02＝－1.02
ゆえに，1.0℃低くなった。

▶**175** (1) 0.25　(2) 76kg

解説 (1) 5÷20＝0.25
(2) それぞれの階級の(階級値)×(度数)を求め，それらの和を総度数で割る。
(50×2＋60×3＋70×3＋80×6
　＋90×5＋100×1)÷20
＝1520÷20＝76(kg)

▶**176** (1)

階級(kg)	度数(人)	累積度数(人)
以上 未満		
30～35	1	1
35～40	3	4
40～45	11	15
45～50	18	33
50～55	8	41
55～60	7	48
60～65	2	50
計	50	

(2) もとの表から求めた方が0.1kg少ない。

(3) 48kg　(4) 47.5kg

解説 (2) もとの表で，体重の合計を計算すると，2410kgになるから，平均は
2410÷50=48.2(kg) …①
度数分布表から平均を求めると
(32.5×1+37.5×3+42.5×11
　　+47.5×18+52.5×8
　　+57.5×7+62.5×2)÷50
=2415÷50=48.3(kg) …②
①，②より，もとの表から求めた平均の方が0.1kg少ない。

(3) 体重の軽い順に50人を並べると，中央に並ぶのは25番目と26番目の人である。
45kg未満の人は　1+3+11=15(人)
50kg未満の人は　15+18=33(人)
よって，その2人は45kg以上50kg未満である。
45kgの人は1人，46kgの人は3人，47kgの人は3人，48kgの人は7人であり，
47kg以下の人は　15+1+3+3=22(人)
48kg以下の人は　22+7=29(人)
よって，中央値(メジアン)は48kgである。

(4) 最も度数が多い階級は45kg以上50kg未満であるから，最頻値(モード)はその階級値47.5(kg)である。

▶**177** (1) 右の表
(2) 2.84点
(3) 3点
(4) 4点

得点(点)	人数(人)
0	1
1	3
2	5
3	7
4	8
5	1
計	25

解説 (2) 得点の合計は
0×1+1×3+2×5+3×7+4×8+5×1
=71(点)
よって，平均は
71÷25=2.84(点)

(3) 得点の低い順に25人を並べると，中央に並ぶのは13番目の人である。
2点以下の人は　1+3+5=9(人)
3点以下の人は　9+7=16(人)
よって，13番目の人の得点は3点であるから，中央値(メジアン)は3点である。

(4) 最も度数が多いのは4点であるから最頻値(モード)は4点である。

▶**178** (1)

階級(cm)	度数(人)
以上　未満	
150～155	2
155～160	3
160～165	7
165～170	5
170～175	3
計	20

(2) 35%

解説 (2) 7÷20=0.35より，35%である。

▶**179** (1) (ア) 152.5　(イ) 6
(2) 15人　(3) 160.5cm

解説 (1) (ア) (150+155)÷2=152.5
(イ) 20-(1+4+4+3+2)=6
(2) 4+6+3+2=15(人)
(3) 3210÷20=160.5(cm)

▶**180** $x=7$

解説 B組の1点の人数は
$60-(1+3+6+x+5+2)$
　$-(3+7+10+8+3)$
$=60-(17+x)-31$
$=12-x$(人)
A組とB組を合わせた合計点は
$0\times(1+3)+1\times(3+12-x)+2\times(6+7)$
　$+3\times(x+10)+4\times(5+8)+5\times(2+3)$
$=0+15-x+26+3x+30+52+25$
$=2x+148$
これが，$2.7\times60=162$(点)であるから
$2x+148=162$　　$2x=14$
よって　$x=7$

▶**181** (1)

(度数)

ヒストグラム: 13–16:2, 16–19:4, 19–22:9, 22–25:12, 25–28:8, 28–31:3, 31–34:1, 34–37:1

(2) **0.075**

解説 (1) 16～19の階級の度数は4で，25～28の階級の度数との比は1:2であるから，25～28の階級の度数は
$4\times2=8$
28～31の階級の度数は
$40-(2+4+9+12+8+1+1)$
$=40-37=3$
よって，ヒストグラムは上の図のようになる。

(2) $3\div40=0.075$

▶**182** (1) **2**　(2) **55%**　(3) **156.5cm**

解説 (1) $167.5\times$(ア)$=335.0$ より
(ア)$=335.0\div167.5=2$

(2) 155cm以上の人数は，全体から155cm未満の人数をひいて
$20-(1+3+5)=20-9=11$(人)
よって，割合は　$11\div20=0.55$
ゆえに，55%である。

(3) $(3115.0-147.5+162.5)\div20$
$=3130\div20=156.5$(cm)

▶**183** (1) 1.4960×10^8　(2) **0.0029**
　　　(3) $168.65\leqq x<168.75$

解説 (1) 149600000
$=1.4960\times100000000$
$=1.4960\times10^8$

(2) $\dfrac{22}{7}=22\div7=3.14285\cdots$ であるから
$\dfrac{22}{7}-3.14=0.00285\cdots$
よって，求める誤差は 0.0029

(3) 小数第2位を四捨五入して168.7cmになるから
$168.65\leqq x<168.75$

第7回 実力テスト

1 (1) **0.25**　(2) **3.5 点**　(3) **8 人**

解説 (1) 得点が 5 点以上である人数は
$1+2=3$(人)
よって，相対度数は　$3÷12=0.25$

(2) $(0×0+1×1+2×2+3×4+4×2$
$+5×1+6×2)÷12$
$=42÷12=3.5$(点)

(3) 3 点以外について考える。

得点	輪の色	赤	青
6 点	赤，青，白	2 人	2 人
5 点	赤，青	1 人	1 人
4 点	赤，白	2 人	0 人
2 点	青	0 人	2 人
1 点	白	0 人	0 人
0 点	なし	0 人	0 人
	計	5 人	5 人

3 点は，赤だけの場合と，青と白の場合がある。赤の輪をかけた人は 6 人であるから，3 点の 4 人のうち，
$6-(2+1+2)=1$(人)が赤,
残り $4-1=3$(人)が青と白である。
3 点以外の 5 人と合わせて，青の輪をかけたのは　$5+3=8$(人)

2 (1) (ア) **2**　(イ) **3**
(2) **0.25**　(3) **3 人**

解説 (1) (ア) $295.0÷147.5=2$
(イ) $20-(2+4+5+3+2+1)=3$

(2) $5÷20=0.25$

(3) 新入部員の人数を x 人とする。
20 人の平均は　$3220÷20=161$(cm)
身長の増加分に着目して
$(172.5-161)x=1.5(20+x)$
$11.5x=30+1.5x$　　$10x=30$
よって　$x=3$

3 (1) **ウ**　(2) **0.85**
(3) **8 時 18 分 30 秒**

解説 (1) 学年全体で，8 時 5 分までに登校したのは　$3+5+9=17$(人)
太郎さんより早く登校したのは 19 人であるから，太郎さんは 8 時 5 分から 8 時 10 分までの 12 人のうちの 3 番目である。8 時 5 分から 8 時 10 分の間に，太郎さんより先に登校した生徒が太郎さんの学級の生徒であるのは，0 人，1 人，2 人の場合が考えられるから，8 時 5 分までに登校した 4 人と合わせると，4 人，5 人，6 人と考えられる。

(2) 予鈴が鳴ってから登校したのは，太郎さんの学級では 6 人であるから，求める相対度数は
$(40-6)÷40=34÷40=0.85$

(3) $162÷2=81$
$81-16-53=12$ より，直線 ℓ は，8 時 15 分から 8 時 20 分までの 40 人を
$(40-12):12=28:12=7:3$
に分けることがわかる。
よって，A にあたる時刻は
8 時15分$+5$分$×\dfrac{7}{7+3}$
$=8$ 時 15 分 $+3.5$ 分
$=8$ 時 18 分 30 秒

総合問題

▶ **184** (1) $\dfrac{201}{8}$ (2) $\dfrac{2}{7}$

(3) $4x-4y$ (4) $x=\dfrac{8}{5}$

(5) $x=-\dfrac{5}{9}$

解説 (1) $\left(-\dfrac{1}{8}\right)^3 \div (-0.25)^3 + 1.25^2 \div 0.5^4$

$= -\dfrac{1}{8^3} \div \left(-\dfrac{1}{4}\right)^3 + \left(\dfrac{5}{4}\right)^2 \div \left(\dfrac{1}{2}\right)^4$

$= -\dfrac{1}{8^3} \times (-4)^3 + \dfrac{25}{16} \times 2^4$

$= \dfrac{4^3}{8^3} + \dfrac{25}{16} \times 16$

$= \dfrac{1}{2^3} + 25$

$= \dfrac{1}{8} + \dfrac{200}{8}$

$= \dfrac{201}{8}$

(2) $(-2) \times \left(\dfrac{1}{4}\right)^2 \div \left\{\left(-\dfrac{1}{2}\right)^3 - \dfrac{1}{5} \times \left(-\dfrac{5}{4}\right)^2\right\}$

$= (-2) \times \dfrac{1}{16} \div \left(-\dfrac{1}{8} - \dfrac{1}{5} \times \dfrac{25}{16}\right)$

$= -\dfrac{1}{8} \div \left(-\dfrac{1}{8} - \dfrac{5}{16}\right)$

$= -\dfrac{1}{8} \div \left(-\dfrac{7}{16}\right)$

$= \dfrac{1}{8} \times \dfrac{16}{7} = \dfrac{2}{7}$

(3) $x-3y-\{x+4y-(4x+3y)\}$
$= x-3y-(x+4y-4x-3y)$
$= x-3y-(-3x+y)$
$= x-3y+3x-y = 4x-4y$

(4) $2-\dfrac{5x+1}{6}=\dfrac{1}{2}$

両辺を 6 倍して $12-(5x+1)=3$

$12-5x-1=3$

$-5x=-8$

$x=\dfrac{8}{5}$

(5) $2x-1=\dfrac{5x-3}{4}-\dfrac{2}{3}$

両辺を 12 倍して

$12(2x-1)=3(5x-3)-8$

$24x-12=15x-9-8$

$9x=-5$

$x=-\dfrac{5}{9}$

▶ **185** ③, ⑤, ⑨

解説 $a=2, b=-3$ のとき
$a+b=-1<0$ より, ①は成り立たない。
$a-b=5>0$ より, ④は成り立たない。
$a^2-b^2=-5<0$ より, ⑥は成り立たない。
$a^3+b^3=-19<0$ より, ⑧は成り立たない。
$a^3-b^3=35>0$ より, ⑩は成り立たない。
$a=3, b=-2$ のとき
$a+b=1>0$ より, ②は成り立たない。
$a^2-b^2=5>0$ より, ⑦は成り立たない。
$-b>0$ より $a-b=a+(-b)>0$
よって, ③は成り立つ。
$a^2>0, b^2>0$ より $a^2+b^2>0$
よって, ⑤は成り立つ。
$-b>0$ より $-b^3=(-b)^3>0$
$a^3-b^3=a^3+(-b)^3>0$
よって, ⑨は成り立つ。

▶**186** (1) 62
  (2) $N(x, 1)=2x$
     $N(x, 2)=2x+14$
     $N(x, y)=2x+14y-14$
  (3) $x=3$, $y=304$

解説 (1) $N(3, 1)=6$ で，14 をたすと 1 列右の数になる。よって
$N(3, 5)=N(3, 1)+14\times 4=6+56=62$
(2) $N(x, 1)$ は 1 列目の数で，x 行目の数は x 番目の偶数であるから
$N(x, 1)=2x$
これに 14 をたすと 2 列目の数になるから
$N(x, 2)=N(x, 1)+14=2x+14$
$N(x, y)$ は，$N(x, 1)$ に 14 を $(y-1)$ 回たしたものであるから
$N(x, y)=N(x, 1)+14(y-1)$
   $=2x+14y-14$
(3) $4248\div 2=2124$ より，4248 は 2124 番目の偶数である。
$2124\div 7=303$ 余り 3
より，7 個ずつ 303 列偶数を並べ，304 列目の上から 3 番目の数が 4248 である。
よって，$N(3, 304)=4248$ であるから
$x=3$, $y=304$

▶**187** (1) 午前 8 時 18 分
  (2) $\dfrac{56}{5}$ km   (3) 60 分

解説 (1) K 駅から動物園までのバスの所要時間は
$(44-4)\div 2=20(分)$
$16\div 20=\dfrac{16}{20}=\dfrac{4}{5}$ より，バスの速さは分速 $\dfrac{4}{5}$ km である。
$\dfrac{16}{60}=\dfrac{4}{15}$ より，明君の速さは分速 $\dfrac{4}{15}$ km である。

午前 8 時にバスが K 駅に到着したから，明君がはじめて出会うバスは，動物園を 8 時 4 分に出発する。
8 時 x 分に出会うとすると
$\dfrac{4}{5}(x-4)+\dfrac{4}{15}x=16$
両辺に $\dfrac{15}{4}$ をかけて $3(x-4)+x=60$
$3x-12+x=60$ $4x=72$
$x=18$
よって，午前 8 時 18 分である。
(2) はじめて追い越される動物園行きのバスは，8 時 4 分発である。2 台目のバスは，8 時 24 分に K 駅に着き，8 時 28 分に出発する。
8 時 y 分に追い越されるとすると
$\dfrac{4}{5}(y-28)=\dfrac{4}{15}y$
両辺に $\dfrac{15}{4}$ をかけて $3(y-28)=y$
$3y-84=y$ $2y=84$ $y=42$
よって，8 時 42 分で，K 駅から
$\dfrac{4}{15}\times 42=\dfrac{56}{5}$ (km)
の地点である。
(3) 歩いた時間を t 分とする。午前 10 時に動物園に着く場合を考えると，自転車で走った時間は，修理した 15 分を除いて
$60\times (10-8)-15-t=105-t$(分)
よって
$\dfrac{4}{60}t+\dfrac{4}{15}(105-t)=16$
両辺を 15 倍して
$t+4(105-t)=240$
$t+420-4t=240$
$-3t=-180$ $t=60$
よって，最大で 60 分である。

▶**188** (1) $a=16$ (2) $b=4$
　　　(3) 5個

解説 (1) 点Aのx座標をtとすると, y座標は$\dfrac{a}{t}$であり,

$\triangle OAB=\dfrac{1}{2}\times OB\times AB=\dfrac{1}{2}\times t\times\dfrac{a}{t}=\dfrac{a}{2}$

$\triangle OAB=8$ より　$\dfrac{a}{2}=8$　　$a=16$

(2) (1)より, 双曲線の式は　$y=\dfrac{16}{x}$

$x=2$ のとき　$y=\dfrac{16}{2}=8$

$y=bx$ は点 A(2, 8) を通るから
$8=2b$　　よって　$b=4$

(3) $y=\dfrac{16}{x}(x>0)$ で, yが整数となるのは, xが16の約数のときである。

x	1	2	4	8	16
y	16	8	4	2	1

よって, x座標, y座標がともに整数である点は5個である。

▶**189** (1) $m=4$ (2) 2

解説 (1) ①で, $x=2$ のとき　$y=2$
よって, ②は点 (2, 2) を通るから
$2=\dfrac{m}{2}$　　ゆえに　$m=4$

(2) 2つの正方形の面積が等しくなるのは, 1辺の長さが等しいときであるから, OE=BC が成り立つ。
点Bの座標を (t, t) とおくと, 点Cの座標は $(2t, t)$ となる。
点Cは②のグラフ上にあるから
$t=\dfrac{4}{2t}$　　$2t^2=4$　　よって　$t^2=2$
求める面積は　$OE^2=t^2=2$

▶**190** (1) $2a+2b$ (2) $\dfrac{S}{3}$
　　　(3) $S-2T$

解説 (1) 線分QRより下の部分の面積は $2a+b$ であるから, かげをつけた部分の面積は　$2a+b+b=2a+2b$

(2) 図1のかげをつけた部分の面積の3倍と$3a$をたすと円Oの面積となるから
$S=3(2a+2b)+3a=9a+6b$
$=3(3a+2b)$　…①
図2のかげをつけた部分の面積は, $3a+2b$ であるから, ①より
$3a+2b=\dfrac{S}{3}$

(3) $T=3a+3b$　…②
円Oの面積から, 図1のかげをつけた部分の面積の3倍を引くと, 図3のかげをつけた部分の面積となる。②を利用して
$S-3(2a+2b)=S-6(a+b)$
$=S-2(3a+3b)=S-2T$

▶**191** $81\pi\,\text{cm}^2$

解説 もとの円錐を考えると右の図のようになる。
右の図の点DからABに垂線DHを引くと, $\triangle OCD$ と $\triangle DHB$ は合同な三角形になるので
OD=DB=4cm
もとの円錐の側面積と切り取った円錐の側面積の差と, 2つの底面の円の面積を合わせて, 求める表面積は,
$\dfrac{1}{2}\times(2\pi\times6)\times(4+4)-\dfrac{1}{2}\times(2\pi\times3)\times4$
$\qquad\qquad\qquad\qquad+\pi\times6^2+\pi\times3^2$
$=48\pi-12\pi+36\pi+9\pi=81\pi\,(\text{cm}^2)$

▶192 ④

解説 中点 M が円周上にくるのは，点 A と点 B が重なるときである。円の中心を O とすると，最初は $\angle AOB=180°$ で，はじめて A と B が重なるのは，$180°\div 3=60°$ より，B が $60°$，A が $120°$ 回転したときである。$360°\div 3=120°$ より，B が $120°$，A が $240°$ 回転するごとに 2 点は重なる。

よって，点 M が円周上にくるのは，最初の B の位置から，$60°$，$180°$，$300°$ 回転した点の 3 点だけである。その位置で円周上に点 M がある図は④だけである。

▶193 線対称…イ，ウ，オ
点対称…イ，カ

解説 線対称な図形の対称の軸，点対称な図形の対称の中心は，次のようになる。

イ 線対称／点対称

ウ 線対称

オ 線対称

カ 点対称

▶194
(1) 頂点の数 20 個，辺の数 30 本
(2) 100 本
(3) 正五角形 12 面，正六角形 20 面

解説 (1) 正五角形 12 面でできる正十二面体である。1 つの頂点に集まる面は 3 面であるから
頂点の数 $=5\times 12\div 3=20$（個）
辺の数 $=5\times 12\div 2=30$（本）

(2) 1 個の頂点から残り 19 個の頂点に引いた 19 本の線分のうち，正十二面体の辺になるものが 3 本，正五角形の対角線になるものが 1 つの面に 2 本，3 面で 6 本あるから立体 A の内部を通るものは
$19-3-6=10$（本）
これを 20 倍すると，同じ線分を 2 回ずつ数えることになるから，求める総数は
$10\times 20\div 2=100$（本）

（別解） 2 つの頂点を結ぶ線分は，1 つの頂点から 19 本引けて，それを 20 倍すると，同じ線分を 2 回ずつ数えることになるから，線分の総数は
$19\times 20\div 2=19$（本）
そのうち，正十二面体の辺となるものが 30 本，正五角形の対角線となるものが 1 面につき 5 本ずつあるから，求める総数は
$190-30-5\times 12=100$（本）

(3) 立体 B の面の数は全部で 32 であるから，正五角形の面の数を x とすると，正六角形の面の数は $32-x$ となる。

正五角形のどの辺にも正六角形の辺が重なるから，どの頂点にも正五角形 1 個と正六角形 2 個が集まっている。よって，正五角形 x 個の頂点の総数と正六角形 $32-x$

個の頂点の総数の比は 1：2 であるから
$5x : 6(32-x) = 1 : 2$
$10x = 192 - 6x$　　$16x = 192$
よって　$x = 12$　　$32 - 12 = 20$
ゆえに，正五角形が 12 面，正六角形が 20 面である。

立体 B は右のような立体で，切頂 20 面体ともいう。
サッカーボールの形である。知っておくとよい。

(別解)　辺の数に着目する。
正六角形の 6 辺のうち，正五角形の辺と重なるのは半分の 3 辺だけである。よって，正五角形 x 個の辺の総数と，正六角形 $32-x$ 個の辺の総数の半分が等しいから
　$5x = \dfrac{6(32-x)}{2}$

以下，方程式を解いて，$x = 12$ を得る。

B